中国2010年上海世博建筑丛书

2010年上海世博园区

绿地景观

主编　戴军

中国建筑工业出版社

主　编

戴　军

副主编

朱胜萱　于志远　吴　伟　朱伟峰　张青萍

编　委（按姓氏笔画顺序）

丁　凯　于力凡　方　盛　王铁飞　王　磊　付丛伟
付喜娥　卢　琼　孙　旭　阳　毅　刘　畅　刘　森
李文艳　李佳毅　朱祥明　庄　伟　杨隽伟　余　悦
苏　梅　张　汀　张伟立　沈　迪　林　黎　林选泉
林　涵　赵桂娟　赵克平　轰　伟　祝红娟　施　皓
俞孔坚　俞　辉　钱　瑾　徐雄文　徐雄武　徐瑞倩
徐　琏　高炜华　黄　柯　舒　民　薛　松　魏　明

序　一

世界博览会（World Exhibition or Exposition）又称国际博览会，简称世博会（World Expo）、世博，是一项由主办国政府组织或政府委托有关部门举办的有较大影响和悠久历史的国际性博览活动。参展者在会上向人们展示当代的文化、科技和产业上正面影响各种生活范畴的成果。中国人自1851年就参加了由英国政府在伦敦举办的万国工业博览会，经过了150多年，中国政府终于获得第28届世博会的举办权，即举办2010中国上海世博会。本届世博，以“城市，让生活更美好（Better City，Better Life）”为主题，参加的国家和组织数量将达到历史之最，为此，上海市作为承办城市，明确提出：“将本届世博会办成一届最精彩、最成功、最难忘的空前盛会”。

上海是世界性大都市，也是中国最大的城市，跨入21世纪后，上海市在经济快速发展的同时，经济结构也不断优化；在城市建设日新月异的同时，人居环境的改善也令人瞩目；在社会事业不断进步的同时，文化软实力也不断得到加强。特别是2002年底中国申办世博的成功，“迎世博”成为上海市建设与发展的强大“助推器”，因为本届世博的主题，正切合了当前上海城市发展的热点与重点，在以人为本、科学发展观的思想指导下，政府积极倡导生态文明、人文关怀，大力实施可持续性发展战略，时至今日，我们已经看到：一座座现代、新颖，且具审美价值的建筑正拔地而起；一道道畅通、有序，且具人性化设计的交通在面前展开；一处处充满创意、低碳低排的工作区在宁静中安然；一张张健康、热情、洋溢着幸福的笑脸在我们眼前呈现。举首，是蓝天白云；低头，是水清地绿，四海宾朋与中华儿女共同欢乐，历史文化与现代科学同放异彩。上海，正以最好的创业平台、最佳的人居环境这个崭新的面貌，迎接前来参加2010上海世博会的八方宾客。

上海世博园的建设是上海城市发展史上的一个里程碑，世博园景观与上海城市形象一脉相通并成为景观建设的一个典范，它运用了当今世界最时尚的设计理念、最先进的科学技术、最深切的人文关怀。我们相信，2010年上海世博会，世博园景观就是呈现给每一位来宾关于上海城市形象的一张文化名片，这张名片其实就浓缩了四个字：“绿色城市”。它将引领世界城市发展的方向！

林桂祥

上海世博会工程建设指挥部办公室 原副主任

上海虹桥综合交通枢纽工程建设指挥部 副主任

2010.01

序　二

2010年上海世博会对上海而言，是城市发展的一个重要历史机遇；对参加世博园的建设者、设计者，也同样是一个难得的现实机遇。包括世博园区绿地景观建设的世博会各个工程项目建设，事关全局、影响长远，对提升城市功能、完善产业结构、方便市民生活具有重要意义，对推进上海“四个中心”建设、促进经济社会协调发展具有直接支撑作用。

在建设中，应坚持建设资源节约型和环境友好型社会的原则。要通过科学规划加以引导，注重投入产出，促进节约用地、紧凑发展，促进各类资源节约和综合利用，努力降低城市运行成本，全面规划建设节约型城市。要按照坚持经济建设与生态环境相协调、走可持续发展的道路的要求，对城市生态环境承载能力进行分析，提出加强生态建设、改进城市生态环境的规划措施。同时，科学管理是运用科学的发展观，在合理高效的管理组织机构引导下，既要突出规划的超前性，又要坚持从实际出发的原则。城市建设作为一项长期的历史进程，一定要从实际出发，注重实效，合理确定建设规模和发展速度，充分考虑财力、物力的可能，不能急于求成，急功近利。

世博园区绿地景观建设，强调先进技术的运用和展示，体现科技世博、生态世博的理念。本着节俭办博的基本原则，利用巧妙的设计手法和新材料新技术，合理解决会间会后的转化。把生态建设、环境建设放在战略位置，促进人与自然和谐发展。通过绿地体系的生态网络布局，强化各功能片区、场馆间特色景观林紧密联系，形成绿化景观完整系统。同时也是组织人流、保障安全的重要场所空间系统。从而实现水绿交融，凸现世博会景观亮点，创造一个生态和谐、尺度宜人、环境优美的城市公共空间。

陈敏

中国风景园林学会副理事长、上海风景园林学会理事长

上海世博会工程建设指挥部办公室 副主任

上海建工集团总公司 副总经理

2010.01

序　三

从历史上每次世博会的举办看，世博会都会成为该城市迅速发展的催化剂。2010年上海世博会的申办成功，对承办城市上海来说，无疑是一次千载难逢的机遇，它既具有加快经济结构调整与健康发展、加大城市建设与环境建设的经济意义，还具有加快社会事业发展、推动科学技术进步、进一步体现人文关怀的文化意义，更具有扩大国家正面形象的国际传播、提升中国参与国际政治经济活动和国际事务的能力的政治意义。面对刷新历史纪录的世博会参会国家和组织人数，建设好世博园，是我们一项艰巨而又无上光荣的任务。

本届世博的主题，在上届"自然之睿智"的基础上，更进一步提出了"城市，让生活更美好"，它的实质，就是要让世博成为人类文明又上新台阶的一个标志，让世博园的设计与建设，成为人类城市设计与建设的一个典范、一座里程碑。为此，在选址、设计理念、技术运用、工程实施上，都要达到时代的最高度。

上海世博会选址本身就独具匠心、深涵文化意蕴，一改往届"飞地选址"、邻近城市的做法，而选择了横跨黄浦江两岸的卢浦大桥和南浦大桥之间的城市中心地段，占地6.68km^2，区内浓缩了上海近现代的城市发展轨迹：19世纪以前的老城厢（包括建于1865年的江南制造总局）、20世纪早期形成的外滩、20世纪后期形成的陆家嘴CBD以及正在建设中的北外滩国际航运中心，正是全力展示上海近现代以来所有的文明成果的主力平台。面对如此跨越时空的整合——根据场馆建筑、休闲景观、交通人流的总体要求，对不同的地质、土壤、水系、历史跨越、居民、工厂的进行有机的继往开来的处理，对设计者而言，极具挑战性。为此，2010年上海世博会的园区建设紧紧围绕世博主题，按照绿色城市的理念，构建和谐城区。景观（绿地系统）规划设计和建设上，坚持了三条贯穿始终的基本原则，即：把生态性与文化性相融、整体性与特色性结合、共享性与层次性互动作为；形成了"一核、一轴、两带、多楔"为主的景观绿地系统，即：生态公园为核心，轴线大道、步行景观带、浦江景观带和网状道路绿化为主体骨架，突现"蓝绿相依，绿网交织，绿楔深嵌，绿链相接" 的生态网络布局；达到了四项建设目标，即：满足平均每天40万、最高80万入园游客的绿色需求；与上海市景观系统有机融合，会后成为上海市国际化世界贸易中心，并给上海中心城区提供宝贵的永续利用的绿色资源。

世博园的景观（绿地系统）设计，首先是一项文化的大创意，即在文化构想上，提出了"世界的品味、中国的韵味"，将中国"道法自然"的哲学精核，与国际上最倡导的人文关怀、可持续发展理念结合，并使其浑然一体、宛如天成。其次，是一篇时代的大文章，即在布局和造景中，达到如下效果：穿行园中，既有繁华都市、又有静山野，这是“市、野”的结合；置身园中，既见小山层叠，又见潺潺流水，这是“山、水”的结合；游憩园中，既有车水马龙，又有亭台楼阁，这是“动、静”的结合；徜徉园中，既见繁花幽林，又见古木苍天，这是“林、木”的结合；信步园中，既有百年史迹，又有科技新品，这是“古、今”的结合；极目园中，既见人造奇景，又见电子幻影，这是“虚、实”的结合，真正是处处珠玑、步步锦绣。第三，是一项文明的大桂冠，即在建设和管理中，运用人类最先进的园林、建筑、节能、降耗、环保、材料等科学技术，如雾喷降温、资源型生态透水路面、植物改良修复土壤、耐践踏草坪、生态绿屏、屋顶绿化、生态水处理、太阳能、绿色照明、节能空调、绿色交通工具绿色建筑、环保建材，等等，共有300多项最新技术成果，真可谓是园林景观建筑新技术的集大成者。

总之，我们可以自豪地声称，世博园景观，本身就是本届世博会上最珍美、最具代表性、最杰出的一件展品！

张浪

上海市绿化和市容管理局 副总工程师

国家科协专家、国家住房和城乡建设部标准委员会委员

中国风景园林学会理事、上海市风景园林学会副理事长

2010.01

前　言

中国2010上海世博会是中国政府首次获得举办权（也是首次在发展中国家举办），由上海承办的第28届世博会。本次世博会是历史上第一次以城市为主题的世博会——“城市，让生活更美好”（Better City, Better Life），将向全世界展示中国经济、社会、文化发展的新成就，同时也为世界各国提供展示和交流的大平台；并将对中国、长三角及上海的经济总量和结构，对上海的产业结构、城市结构以及城市规划、城市交通、城市建设和城市管理等，带来长远而又深层次的影响。

回顾世博会的历史，成功的景观规划与设计是世博会成功举办的基本保障和前提之一，需要规划、建筑、景观、展示、标识等系统的整合，改变以往相互割裂、自我封闭的专业领域界限。

本书共分七个部分，第一、二部分别研究论述了上海城市解读、上海世博会事件解读、上海总体城市建设发展与世博园区建设，以及上海绿地系统总体规划与世博园区绿地系统规划的传承与互动，提出了面临的机遇、挑战与对策；第三部分详细讲解了世博园区公共绿地景观；第四部分详细讲解了世博园区场馆公共场地景观；第五部分详细讲解了世博园区道路广场景观；第六部分详细讲解了世博园区永久建筑及场馆景观；第七部分研究论述了绿色世博生态世博的理论体系，提出了绿色城市（GREEN CITY）概念，总结并归纳了各项先进生态环保技术的实际应用。

本书从景观规划与设计的专业视角，综合研究论述了世博园区的总体景观规划，全方位地研究讲解了世博园区内各类绿地景观的详细方案及实施，通过对世博园区的绿地景观建设的研究，探讨了城市建设、绿地景观建设以及生态城区建设的方法、技术以及理论体系，对于当前中国各个城市的绿地景观规划与设计具有重要的借鉴意义。

编者

2009.12

图片摄影：刘其华

目 录

第四章 世博园区临时场馆公共场地景观

第五章 世博园区道路广场景观

第六章　世博园区永久建筑及场馆景观

第七章　绿色世博

1

中国上海与世博会

一 城市解读部分

1 2010年上海世博会

中国2010上海世博会是中国政府首次获得举办权（也是首次在发展中国家举办），由上海承办的28届世博会。本次世博会是历史上第一次以城市为主题的世博会——“城市，让生活更美好”，将向全世界展示中国经济、社会、文化发展的新成就，同时也为世界各国提供展示和交流的大平台。

世博会对中国、长三角及上海的经济总量和结构，对上海的产业结构、城市结构以及城市规划、城市交通、城市建设和城市管理等，必将带来长远而又深层次的影响。世博会将是上海城市发展的一个里程碑，上海作为以城市为主题的中国世界博览会的举办城市，有着特殊的意义。

2 上海世博会的时代特征和创新发展

2010年上海世博会的选址极具挑战性，一改往届世博会“飞地选址”邻近城市的做法，选址于横跨黄浦江两岸的卢浦大桥和南浦大桥之间的城市中心（旧区）地段，占地6.68km²，其中浦东4.18km²，浦西2.5km²。此区内约有30家工厂企业和9000户居民，这里也曾经是中国近代工业的发祥地，如成立于1865年的江南制造总局等。

世博会跨江发展，从这个点把上海的浦江两岸紧紧缝合起来。这个缝合不仅是概念缝合，同时也是都市意象缝合、交通缝合、景观缝合。而最重要的是上海城市的功能缝合，未来的这里将成为上海世界贸易中心。

世博会基本上是城市的世博会，与城市的发展史密切相关，回顾世博会的历史，成功的规划与景观设计是世博会成功举办的基本保障和前提，世博会的成功与否仅就设计有关的领域而言，取决于规划与建筑、景观、展示、标识等系统的整合，改变以往相互割裂，自我封闭的专业领域界限。世博会往往成为各个举办城市进行大规模建设的催化剂，同时，要关注世博会结束之后保证城市可持续发展的可能性，而不是成为孤立的城市碎片。

世博会所占用的城市空间区域比较大，它的后续利用方式将会对城市发展的总体功能和空间结构产生重大的影响，从而促进该地区的城市更新和周围环境的改善。以及举办后世博会场地功能的转换，设施的重新定位等等，尤其是对于上海这样一座以可持续发展和生态城市为目标的城市而言，更是个紧迫的关键问题。

上海自开埠以来的许多年里，演绎了无数辉煌的篇章。尤其是改革开放以来，上海作为中国改革开放的龙头和亚洲经济的中心，取得了举世瞩目的成就。世博会的成功举办，为上海带来了新的荣誉，提升上海乃至国家的综合竞争力。

随着时代的变化，世博会景观设计的式样也随之变化。其中，包括伦敦水晶宫中的3棵榆树及热带植物的组合可以说是“Indoor Landscaping”（室内园林设计）的典范。而在巴黎，则多运用各种各样的花木构建规整式庭园。在芝加哥，通过各种水池及喷水来烘托会场的气氛，成为了运用水景而成功的先例。2005年日本爱知世博会的主题是“自然之睿智”。

世博会展览区的景观规划与设计在尊重场地的基础上，采用了先进的设计理念，运用最新的生态技术、新材料，达到城市与园区的可持续发展。

二　　事件解读部分

1 世界博览会

世界博览会（The World Exposition）是在一定时段内，在较为明确空间里举办的世界性展览活动（以下简称世博会）。世博会依据出资性质，展览内容不同分为综合类世博会（如2010中国上海世博会）和专业类世博会（如1999昆明世界园博会）两大类。国际博览局（BIE）是负责评定、协调、管理世博会的国际组织。

自1851年英国伦敦世博会（时称“万国工业博览会”）到2005年日本爱知世博会，共举办了27届，整整走过了154年的历程。世博会也由当初的炫耀产品、商品交易为目的，发展成为世界各国社会、经济、文化全面交流的重要载体。

2 历届世博会历史文脉与主题演绎

世博会的历史可以追溯到1851年在英国伦敦举办的第一届博览会（时称“万国工业博览会”）。造园师约瑟夫·帕克斯顿（Joseph Paxton）创作的由光与绿所营造的巨大温室，留下了至今为人赞叹不已的水晶宫殿。受到这次巨大成功的刺激，欧美之间开始了世博会的举办热潮，相继在巴黎、维也纳、芝加哥等地举办。

自1851年英国伦敦世博会到2005年日本爱知世博会，共举办了27届，整整走过了154年的历程。纵观世博会的历史，从最初以万物万有、珍品奇品的展示演变为展示国家实力主导的世博会，再到如今日益关注的全球化问题，世博会已经逐渐发展成为一个世界性的论坛和前沿，世界各国在这里为人类未来的发展集思广益，共谋出路。世博会见证着时代的进步，记录世界的发展历程。每一届世博会无论规模大小，都标志着人类文明迈上了一个新的台阶。

1851年5月1日在伦敦海德公园举行的“伦敦万国工业成就大博览会”简称“大博览会”，是首届真正意义上的世博会，其主题为“万国工业”。英格兰强大的帝国号召力使这届世博会举办得空前盛大，也为19世纪的科学进步产生了巨大的推动力，从此世博会被后人誉为“经济、科技与文化界的奥林匹克盛会”。

1933年美国芝加哥的世博会确立“一个世纪的进步”的主题。此后历届世博会均有主题。1958年布鲁塞尔世界博览会到1990年日本大阪博览会，在举办的主题上，和平的呼声日渐高涨。人们开始反省、思考国际间的理解、合作，人的价值、人类的进步乃至日常生活逐渐引起人们的关注。

随着冷战时期的结束，世界的发展开始趋向多元化，人类更加关注地球的未来。因此，无论是1992年塞维利亚世博会、1998年里斯本世博会还是2000年汉诺威世博会、2005年爱知世博会，都不约而同地把主题确定为对历史与未来环境和人类自身的进步以及科学技术与可持续发展等全球热点问题上。世博会开始以一种全新的思路和方法进行筹划和运作。

1998年葡萄牙首都里斯本举办的以《海洋——未来的财富》为主题的博览会，2000年的汉诺威世界博览会展区规划也很好体现了可持续发展的基本主旨，《汉诺威原则》成为可持续发展设计的导则。2005年世博会5月起在日本爱知县举行，会场的建设计划最小限度地影响现存环境条件，以保证丰富多彩的交流和表现世博会主题“自然的睿智”。

2

规划研究

一　上海市总体规划与世博园区总体规划

2001午是上海的城市规划年，这一年除了上海城市总体规划由国务院批准以外，进行了诸如黄浦江两岸地区总体规划、苏州河滨河景观规划设计、新江湾城结构规划、2010年世博会场址概念规划设计、海港新城规划，崇明、长兴、横沙三岛联动战略研究，以及浦江、安亭、松江、朱家角、奉城等新城和中心镇规划等规划国际方案征集。

上海社会与经济的快速发展和城市建设的成就是与城市规划的成绩密切相关的。城市规划涉及方方面面，不仅要规划城市的今天和明天，同时也是规划与保护我们的历史和文化，要补历史的课，解决历史上长期遗留下来的问题，无论是责任和难度都十分艰巨。

世博会对中国、长三角及上海的经济总量和结构，对上海的产业结构、城市结构以及城市规划、城市交通、城市建设和城市管理等，必将带来长远而又深层次的影响。世博会将是上海城市发展的一个里程碑，上海作为以城市为主题的中国年世界博览会的举办城市，有着特殊的意义。

上海世博会园区规划面积有 $5.28km^2$，为便于参观者游览，整个园区按照“园、区、片、组、团”5个层次进行结构布局，并按这5个层次配备所需要的公共服务设施。“园”是指$5.28km^2$的整个世博会园区建设用地范围。区”则是指$3.28km^2$的世博会围栏区，也就是收取门票才能进入的区域。“片”则是把世博园区划分成5个功能片区，并且用A、B、C、D、E的编号标识，每个功能片区的平均用地面积为$60hm^2$，其中A、B、C三个功能片区分布在浦东，D、E两个功能片区分布在浦西。“组”是指在每一个功能片区里的若干展馆“组”。每个展馆“组”平均用地规模为$10\sim15hm^2$。这样的展馆“组”共有12个，其中8个在浦东，4个在浦西。“团”是世博园区最小的布局单位，每个展馆“组”可包含若干展馆“团”。展馆“团”一般用地规模约为$2\sim3hm^2$，在里面可布置40~45个办展单元。世博园区里，这样的展馆“团”共有26个。在每一个展馆团的附近，都设有属于这个区域的小型餐饮、购物、电信、厕所、母婴服务等公共服务设施，方便参观者就近使用。

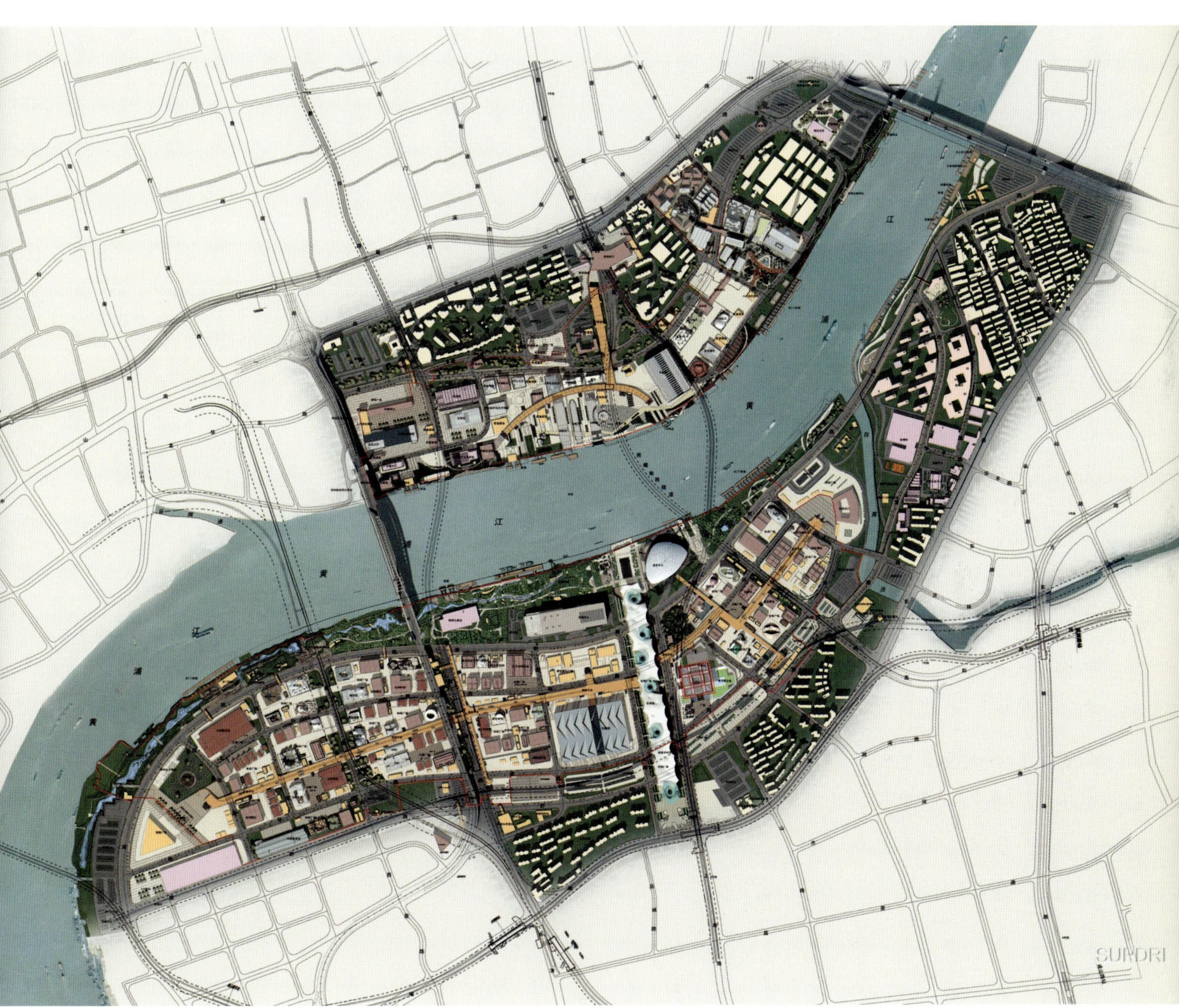

中国2010年上海世博会规划总平面

七建筑
世博中心
BAOSTEEL
宝钢大舞台

二 上海世博会绿地系统

1 上海市绿地系统

城市绿地系统作为城市基础设施系统的有机组成部分，新一轮基础设施规划建设成为其进化的重要动力，但也不可否认科学的绿地系统、好的城市生态环境也会对城市经济发展、产业结构调整起到促进作用。

1991年上海市将“生态园林规划与实施”列入“八五”科技攻关项目，掀起了中国城市园林建设的新阶段。在园林城市基础之上，建设部于2004年颁布了《关于印发创建“生态园林城市”实施意见的通知》，明确了以生态学为指导的城市绿地规划、建设和管理原则，其核心就是要增加绿化面积，维护生态平衡，建立较为完善的城市生态系统，实现人类与自然的和谐共存。

当前，城市绿地系统规划不但需要从布局结构上达到城乡一体的整体结构，还需要进一步对城市绿化的生态结构和每个组成部分所承担的生态功能明确化，使功能和布局形式相协调，真正达到“城乡一体化”的目的。例如，2002年版的《上海城市绿地系统规划（2002～2020）》，根据上海总体规划确定的“建设国际化大都市和生态城市”的发展目标，绿地系统规划体现大都市圈发展的思想，从长三角区域绿化的结构出发，分两个层次规划，将上海城市绿地系统与所在的整个区域相连通，促进了上海市绿地系统的发展。

景观生态网络化是今后城市绿地系统发展的趋势。一般利用楔形绿地连通城市内外，形成梯形分布、组团布局的绿化体系，形成城市绿地系统与外界自然环境进行交流的主要通道。上海中心城区以黄浦江、苏州河、延安路以及外环、中环、水环沿

图1 绿化布局结构

线绿化组成的“一纵两横三环”为主要骨架；以中心城内部若干大型片林组成均衡分布的绿色斑块和城郊地区向中心城区深入的若干楔形绿地为通风走廊；再由道路、水系沿线绿化形成的绿色廊道连接，并与城郊的绿色廊道连通，形成一个以“核、环、廊、楔、网”为主体、呈卫星环绕的分层次的环网放射型模式。从而建成市域范围内城乡一体化的绿色网络系统。

大型公共绿地是城市绿地系统的主体，可以改善城市生态环境、缓解城市热岛效应、保护生物多样性、为居民提供休闲娱乐场所等。现在，很多城市中心城区绿化存在布局结构不合理、公园绿地分布不均、服务半径过大，绿化网络体系不完善等问题。上海市积极采取措施优化绿地系统，《上海市中心城分区规划（2004～2020）》确定了“中心城‘多心开敞’”的功能布局：大型公共绿地以公园和大型林地形成“多片多园”的空间结构；绿地结构强调中心城与市域绿化系统的衔接，强调季风与绿地结构布局的协调，强调生物多样性、生物群落稳定性，强调绿化建设与城市空间和景观风貌的结合；通过采取缩小公园服务半径、在城市热中心和高温区建设大型公共绿地、保护建设“生态源林”、建设城市标志性绿地景观、开发城郊公园游憩功能、兴建郊区城镇大型绿地等措施，创造人与自然和谐的生态环境，并取得了良好的社会效应和生态效应。

生态廊道是构成绿地系统的重要组成部分，它以城市绿色开敞空间为基础，面向城市生物多样性的保护、自然景观整体性恢复，具有生态、美学、经济等多种功能。与传统绿地系统的“线”相比，其范围更大，更强调开放性和通透性。上海生态

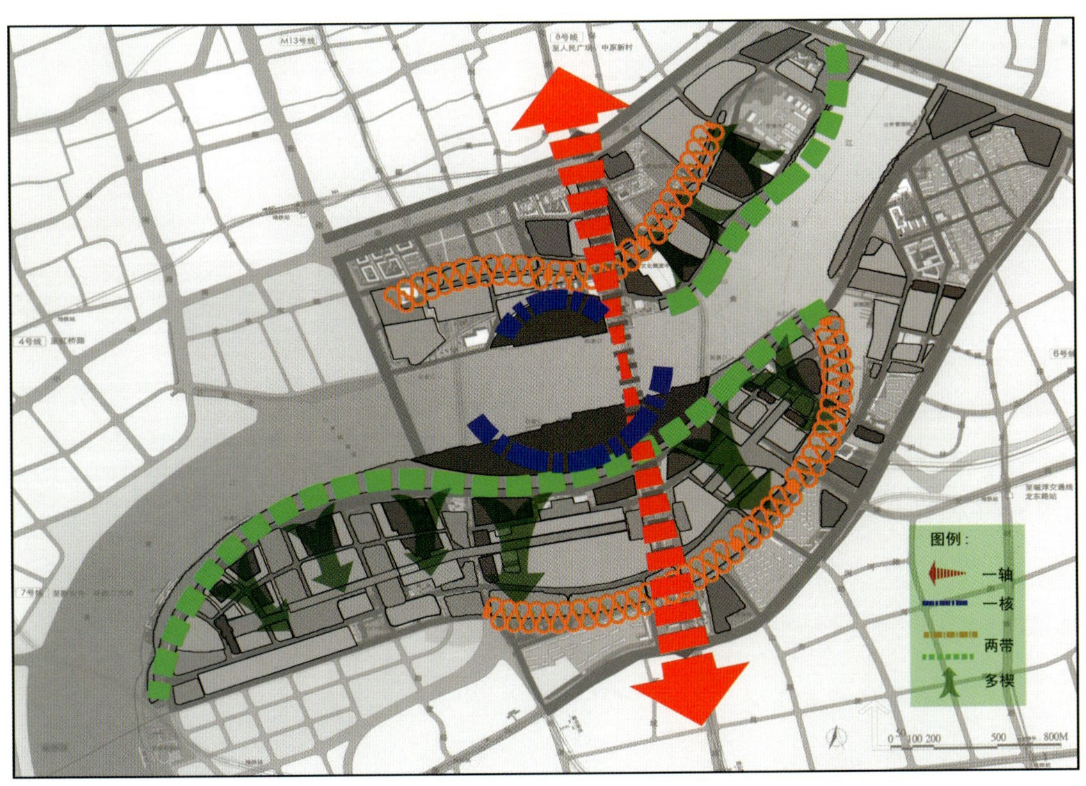

图2　绿化系统结构

廊道主要以植被带、河流和农用地为主，通过河流整治和道路改造规划形成了“一纵两横三环”生态廊道格局。一纵：由黄浦江连续的滨江绿色开敞空间和从腹地引向江边的绿带组成。两横：由延安路高架及其延长线形成的“以快速浏览为特征、高架动态交通视点为指引的干道绿色景观轴线空间”；由苏州河沿岸的休闲、自然景观河道空间形成的“以静态观瞻为特征、标志景观为主体的绿色视廊通透空间”。三环，即外环、中环、水环，包括中心城区绿化和郊区环线绿带。

湿地是地球上有着多功能、富有生物多样性的生态系统，是人类最重要的生存环境之一。上海湿地资源十分丰富，总面积为197.14km²，占国土面积的34.0%，是上海绿地系统的重要组成部分。《上海湿地保护和恢复规划（2006～2015）》将上海市湿地资源划分为生态安全调控区、湿地生态系统保护区、退化湿地修复和重建区3种功能区，形成国际重要湿地、国家重要湿地、自然保护区、湿地公园以及具有特殊科学研究价值栖息地的湿地网络。结合滩涂资源的开发、利用大面积造地增绿，保持长江口、杭州湾湿地以及内陆主要湖泊湿地的生态特征和生态服务功能，为上海生态型城市提供优异的生态空间。使土地利用结构有所改善，生态资源利用方式得以进一步优化。

林地是以树木为主体的植被群落，是城市森林的载体。1990年代后，上海郊区林业的建设得到不断完善和加强。从1989年到2001年，森林覆盖率从5.46%提高到10.4%，林地面积从146.4km²增加到373.3km²。但是，与世界主要城市或国内其他城市相比，上海森林覆盖率指标偏低，并远远低于国家林业局的规定。

近年来，上海将非城市化地区纳入城市绿地系统规划范围，通过大型片林（休闲林、经济林、苗木基地）、大型林带（沿海防护林带、工业区、道路、河流等防护林带）、生态保护区和旅游风景区的建设，规划了大片森林绿地，总面积约671.1km²，占上海市总面积的10.6%。现在上海林业初步形成了以沿海防护林、河道水源涵养林、道路景观林等生态公益林为屏障，经济林为主体，大型苗木基地为基础的林业发展格局。林地保护与建设对上海生态环境、城市景观、生物多样性保护产生巨大作用。

农业用地是指直接用于农业生产的土地，包括耕地、园地、牧草地等。农用地作为一个半自然的生态系统，融合了自然景观和人工景观，在气候调节、水源涵养、保护生物多样性等方面都具有重要作用。城市空间规划包括农用地配置，城市绿地系统规划应积极地将农用地引入作为城市绿色隔离带，以保护耕地和城市间的开放空间。但是，农用地相对较低的经济价值导致其被城乡建设大量占用，农用地的减少不仅是其生产功能和社会保障、稳定功能的丧失，更是其景观生态保护功能的丧失，进而直接引起区域性景观生态功能的损耗。1996～2004年间，上海农用地总面积减少了20,897.90万hm²，尤其是到了2001年已经降至最低。在农用地资源去向中，农用地转为建设用地45,190.00hm²，其中耕地转为建设用地38,507.84hm²，占转为建设用地的农用地总面积的85.21%。可以说，建设占用成为上海耕地乃至农用地减少的主要原因。因此，从区域生态本质出发，将农用地引入城市绿地网络系统，能为城市生态环境建设创造良好的资源条件。

上海城市绿地系统是一个结构复杂的有机整体。从城市绿地系

图3　绿地系统规划总体布局

表1 滨江绿地、活动绿地、景观绿地控制指标表

绿地类型	控制指标							
	净绿地率（%）		乔木覆盖率（%）		硬地率（%）		乔、灌、草比例（覆盖）	
	永久	临时	永久	临时	永久	临时	永久	临时
滨江绿地	80～95	/	50～80	/	5～20	/	2:1:1	/
活动绿地	70～80	/	70～80	/	20～30	/	5:1:3	/
景观绿地	60～70	60～70	60～70	20～30	30～40	30～40	6:1:1	1:1:2

统有机进化的角度看， 城市绿地系统的发展是不断变化的，不断由低级向高级、由简单到复杂地发生形态、结构、功能等方面的变化。但实际上，城市绿地系统的进化发展过程可能是正向的（正进化），也可能是负向的（负进化）。因此，运用系统的、有机的、进化的观点来认识城市绿地系统及其内部基因变异并采取相应措施， 对于促进城市绿地系统的正进化至关重要， 这也正是需要我们在城市绿地系统规划、建设和管理实践中不断加以引导和总结的。

2 上海世博会绿地系统

依据世博园总体规划，结合现状调研，在对世博园区绿地系统的功能结构和构成等方面深入研究的基础上，从先进理念出发，呼应总体规划、体现世博主题和会后持续利用，努力实现“绿色世博、生态世博”的战略目标。

2.1 绿地系统规划理念与原则

围绕世博主题，构建和谐城区。绿地系统规划把生态性与文化性相融、整体性与特色性并存、共享性与层次性互动作为三条核心理念，并贯穿绿地系统规划始终。

2.2 规划原则

（1）树立可持续发展的功能观；园区内各种绿地应体现生态功能，安全功能及景观功能等。构建多种功能组合、多种效益叠加的绿地系统。

（2）发挥本地资源优势的生态观；因地制宜，充分利用黄浦江在园区内穿越的条件，重点做活“水”的文章，凸现“蓝”、“绿”交融的世博景观亮点，创造特有的城市公共绿化空间。

（3）追求民族特色的文脉观；传承历史文脉，弘扬城市精神，将传统的中国园林文化与蓬勃发展的现代科学技术有机融合。

（4）可操作前提下的创新观；在充分发挥本土植物优势的同时，重视新品种的引种及应用，建立新型代植物群落；尝试节约型绿化和后续利用的新模式。

2.3 绿地系统布局与结构

2.3.1 绿地系统布局

世博园区绿地系统以世博公园为核心，以轴线大道、步行景观带、浦江景观带和网状道路绿化为主体骨架，构建绿环围绕、绿楔绿网交织、绿链相接的生态网络布局（图1）。

通过绿地体系的生态网络布局，强化各功能片区、场馆间特色景观林紧密联系，形成绿化景观完整系统。同时绿地也是组织

人流、保障安全的重要场所空间。

2.3.2 绿地系统结构

世博园区绿地总体结构以“一核、一轴、两带、多楔”为主，由黄浦江向两侧城市空间延伸，突现“蓝绿相依，绿网交织，绿楔深嵌，绿链相接”的生态网络系统结构特征（图2）。

一核——世博公园；世博公园是全园最主要的公共活动区域，位于世博园中心滨江区块，是一处大型生态型游憩公园，也是园区的绿色核心。

一轴——世博大道绿化；世博大道绿化是世博区景观绿化空间层次上南北向轴线的重要复合型绿化广场型空间，轴线与黄浦江交汇处形成景观高潮。

两带——滨江绿带、缓冲绿带；滨江绿带：黄浦江两侧各有一条滨江绿带沿江展开，同时串联起世博园区各展馆组团绿化。缓冲绿带：世博园区与城市相接地区设置大型绿化带，满足停车等功能要求。

多楔——多个楔形绿地；核心区域外的场馆内有多条楔形绿带垂直于浦江，使江面景观和滨江绿带渗透到园区内外。同时利用沿江防汛标高和自然标高的落差，塑造高低起伏的坡地景观。

2.4 绿地系统分类规划

根据绿地的不同功能布局和景观特征（图3），将规划 范围内绿地分为滨江绿地、活动绿地、景观绿地、道路绿化和广场绿化等五种类型。其分类控制规划如下：

2.4.1 滨江绿地

滨江绿地是沿江分布的体现生物多样性的永久性绿地。主要包括黄浦江、白莲泾两岸的滨江绿带，宽度为100m左右。充分体现黄浦江两岸自然生态格局，提供适宜物种栖息空间，保护两岸的物种多样性；满足城市居民休闲游憩和世博期间各种活动的需要。提高可达性与亲水性。主要有：湿地园，绿园，触摸自然园等。

2.4.2 活动绿地

活动绿地是适应开展大量活动的绿地，为永久性绿地，主要分布在园区中心滨江区块，是全园最主要的公共活动和标志性景观区域，也是园区的绿色核心。活动绿地是重要的防灾避灾场地，要考虑生态、景观功能，同时也能适应大量人流活动，形成结构合理、自我维护的植物群落。并突出保健植物、抗污染植物、芳香植物、引鸟植物的应用，提高其比例。

浦东强调以植被绿化为主的自然生态环境景观；浦西景观规划突出人文特色，发挥原有造船厂遗留的历史资源优势。以高大的常绿与落叶乔木为骨架，形成都市森林景观。

2.4.3 景观绿地

景观绿地包括场馆片区之间和公共建筑之间的景观绿地及世博园区与外围之间具有一定防护功能的带状绿地，景观绿地着重突出绿地景观效应和游憩功能，其中有防护功能的绿地需兼顾净化空气、减轻噪音污染等功能。

景观绿地分为永久性和临时性景观绿地。永久性景观绿地通过乔木的种植加强覆盖率，提高绿化覆盖面积。临时性景观绿地，以草坪、花灌木配置为主，配以临时性的小品或雕塑、座椅等。以上三类绿地控制指标（表1）

2.4.4 道路绿地

道路绿化是沿园区道路两侧的绿化，包括行道树和路侧绿化、分车带和交通岛绿化等。行道树应以常绿乔木为主，下木宜以常绿灌木、常绿地被为主。行道树株距除小乔木外，大乔木株距应大于6m。

2.4.5 广场绿化

根据广场空间的不同功能和景观特征，规划区内广场可分为综合性广场、展会广场、集散广场等三种类型，广场绿化根据其类型分类布置。

综合性广场是世博园区内的核心广场，具有大型庆典、礼仪接待、综合演出、大型展示等功能，也是重要的人流疏散避难的场地与通道。其绿化以草坪、灌木、树阵绿地与广场硬地相结合，绿化覆盖率不小于20%。广场周边布置休息座凳等景观小品。

展会广场是展馆之间和展区之间的室外广场空间，为各展馆区提供室外展示、小型演出、游人休闲活动、排队等候及人流疏散的场地空间。绿化以乔木为主，形成树穴、座凳相结合的景观小品，绿化主要以可移动的植物种植方式为主，如盆栽植物或植物箱等。绿化覆盖率不小于10%。并设置与展馆建筑和广场环境相适应的各类景观小品。

集散广场是人流疏散的广场空间，由主、次出入口广场和展区间提供人流集散作用的广场空间组成。集散广场绿化以大乔木树阵为主，周边可设置景观座凳和树池相结合。绿化覆盖率大于5%。

3 世博园区公园绿地景观

一　世博公园

1 背景

世博公园担负着2010年上海世博会特殊的形象特征，在满足展会举办期间的功能使用前提下，也必须成为城市公共开放空间的重要部分，是世博园区基础设施中的核心亮点，是园区最精彩的标志性开放空间之一。

世博园区绿地规划总体结构以“一核、一轴、两带、多楔”为主，由黄浦江向两侧城市空间延伸，突现“蓝绿相依，绿网交织，绿楔深嵌，绿链相接”的生态网络系统结构特征。其中的“一核”指的就是世博园最主要的公共活动区域——世博公园，同时，世博公园将成为上海城市永久性的大型公共绿地，将永久地给城市提供优质的自然生态环境及人文景观，为城区市民创造出良好的游憩休闲场所、艺术展示空间。

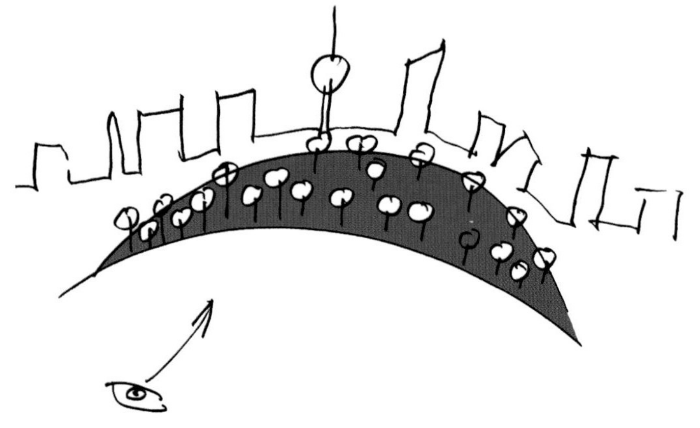

通过对上海城市与社会发展进程、公园绿地系统演替的研究，对城市整体的生态环境、向后工业社会转型期的研究，对现有城市绿地空间格局、自然景观变化的研究，在设计规划研究阶段组织者对此高度重视，通过设计任务书征集的研究方式明确了世博公园核心功能和定位：“中心城区的绿地、世博的绿地、滨水的绿地”。通过公开国际方案征集，荷兰NITA（尼塔）设计集团的中标实施方案对该定位做了进一步明确的阐述，该公园绿地是具有生态风景、科教文化、户外观演等功能的上海市中心城区的公园绿地；是具有安全疏散、游憩等候、会间会后展示与纪念等功能的世博的绿地；是具有生态保健、亲水游憩、水上休闲等功能的滨水型绿地。

在世博会期间，世博公园担负着为大量人群提供休憩、停留、等候场所的任务，将会提供尽量多的座椅、台阶、驳岸等休憩空间，足够的乔木遮荫覆盖率，趣味的活动展示空间，以及用新的技术处理温度、湿度、粉尘、噪声等，做到量化的控制。上海世博会期间预计访客总数7000万人次，最高峰日流量80万人次，平均日流量40万人次，要满足博览、商业、参观、游憩等多重功能的需要；根据世博园区总体规划要求，世博公园应承载的日游人量为：高峰8万人次、平均4万人次。面对如此严峻的需求挑战，世博公园的成功实施，将成为世界范围内探讨城市大型园林绿地设计方法的又一经典案例。

2 基地

世博公园的规划用地，北临黄浦江、南至浦明路，西起打浦路隧道，东至世博园区东部水门，用地面积约24hm²，另外相关设计协调用地包括庆典广场、特钢大舞台。

公园用地范围内原状主要为工业、仓储用地，使用性质上大量为工业、码头、仓储，原状有浦东钢铁有限公司、周家渡汽车站、周家渡轮渡站、周家渡船厂、上海港南浦港务公司、上海交运海运发展有限公司等。沿江驳岸边钢铁厂的大型码头、船厂的大型船台、船坞等设施、越江轮渡站以及跨江的卢浦大桥使得用地凸显出不一样的工业化城市尺度空间特征。现状岸线约2.24km，设计红线范围内现状码头数量多达13个。基地内现状交通为工厂及码头内部道路，由于现状功能多为工业码头，水陆各种交通方式掺和交叉，加上防汛要求，码头堆场等，造成现状交通体系较为混杂，目前公交体系不完善，周家渡轮渡站目前还在使用中，但渡轮交通客流量已经逐渐降低。基地中无成体系绿化，滨江的生态系统均被破坏，环境污染及废水，码头的堆场使整个滨江原始的生态系统已不复存在，现状无连续的绿地绿带，无生态游憩价值。

现状场地中地铁、隧道、市政大桥的穿越；与世博轴、演艺中心、世博中心三大永久建筑用地交接；与电力、排水等多项市政设施交叉，各种严峻的场地限制使该项目戴上了多重镣铐。

3 目标和挑战

除了基地条件的恶劣，土壤、水系、动植物、人文等情况复杂外，世博公园的设计和建设还面临着许多的挑战，如世博会期间大规模的人流量、黄浦江防洪与场地亲水取向的矛盾、工业遗产保留与人性空间尺度的矛盾等问题。

为了解决这些极具挑战的问题，在设计中就未来面对的需求与挑战，科学地设定了将要实现的目标。这些关键的要求主要针对场地容量、场地舒适度、滨水岸线、绿地指标。

场地容量：世博公园规划建筑用地占总面积的比率为8%，会间绿地率50%，道路场地面积比率42%；按现行《公园设计规范》，活动场地最小为5m²/人，世博公园容量为2.44万人。但是会展时，预计世博公园平均日人流量为4万人次，最高人流量可达8万人，只有扩大容量，采取安全措施，才能满足游人交通集散和观光游览需求。会间占地35%的绿地可作为临时集散场地；道路场地容量标准为人均道路场地面积2.5m²，达到极限容量。

场地舒适度：为人们创造舒适的场地环境，是实现人与人和谐、人与环境和谐的基础，为此，设计任务书中制定了道路硬地遮荫率和座位数指标，来提供人性化的环境。遮荫率即遮荫物的垂直投影面积占道路场地面积的百分比。遮荫物特指在世博会期间，人可进入的，可用于遮荫、临时避雨的绿化植物等，遮荫率须不小于25%。

滨水岸线：世博公园要注重黄浦江两岸自然生态和人工生态的保护和利用，创造更舒适的人居环境。通过保育滨江生态湿地、关注浦江潮汐变化，“还滩于河”。做活“水”文章，利用防汛标高的分级和防洪墙标高内场地面积的不同比例，消化了防洪墙标高的落差变化，塑造高低起伏的滨江绿坡，保护和改善湿地等自然景观，在营造亲水空间的同时，充分体现对黄浦江自然生态的恢复和尊重，为21世纪人类城市建设和改造树立典范。要求黄浦江防洪需设置千年一遇的防洪墙，为满足公园游览、亲水性、感受日潮景观的需求，特将公园的防汛墙分级设置。

绿化景观：实现“绿洲”生态目标，发挥植物生态功能，展示植被景观效果；以高大的乔木为骨架，以丰富多彩的湿地水生植物为铺垫，形成“都市森林和滨江湿地”景观。树种选用符合植被地理特征的适生物种；鼓励选用乡土树种；考虑基地条件规划合理的季相景观。考虑汛期对植物生长的影响；鼓励选用健康保健树种、特色树种和新品种。物种配置时应考虑展览期间的遮荫、等候功能，强化立体群落配置，体现生态、环保、节能、亲水、保健等功能要求的设计引导。

绿地指标：根据世博公园的高容量、高强度的展示绿地要求，兼顾会期内的具体使用功能和会后的城市公园绿地功能，世博公园绿地率制定会间、会后两种设计指标。世博会期间绿地率不小于50%，会后不小于70%。为体现生态世博、恢复基地自然肌理，根据上海的地理条件，满足世博公园高容量的植物展示造景功能和创造生态的植物群落景观，制定乔木、灌木、地被的比例，世博会间为5:1.5:3.5，世博会后为5:2.5:4.5，该比例可根据各方案的特点上下浮动5%。

4 “滩”“扇”演绎“自然形成有机论”

设计构思运用的“滩”、“扇”两大独特的设计。设计利用“滩”的概念，将各种设计元素用滩的概念联系在一起，组合形成有机的系统，将自然生态与城市人类活动完美融合。“折扇”——基地呈扇面状展开，从江面开始逐步朝浦明路进行抬高，将按风向设置引风林比拟为扇骨，将“滩”的构图比拟为中国山水画。将道路、场所、设施、绿化等元素用“滩的概念”组织在一起，做到自然生态与城市人类活动完美的融合。

4.1 “滩”

设计提出“自然形成有机论”，认为纯自然形成的东西是受周围所有条件综合制约形成的，看似无序但受到强大的各种力量的牵制，在无序中完美地形成一种体系。

长江入海的地方，由于江水所含的泥沙不断淤积而形成的低平的大致成三角形的陆地。长江由西向东奔向大海，江水滔滔直下，所携带的泥沙在入海口不断淤积，沧海桑田，历经千万年，终于形成坦荡、宽阔的三角形的陆地。

滩的形成是纯自然的力量，其组成的形态看似自由无序但其又被无形的体系完美的统一在一个系统中。在我们构思的过程中抓住了“滩”的概念，将水体、道路、场所、设施、绿化等元素融合在一起。上海是泥沙冲积而形成的长江三角洲城市，自身就是一个巨大的“自然—人工”复合生态系统。我们需要在地块中将所有的自然条件、人为活动互相交融利用滩的概念将自然生态与城市人类活动完美地融合。

当然，现代人的需要可能与历史上本场所中的人的需要不尽相同，为场所而设计决不意味着模仿和拘泥于传统的形式， 所谓的取其意而不是单纯的取其形，生态设计告诉我们，新的设计形式仍然应以场所的自然过程为依据。设计的过程就是将这些带有场所特征的自然因素结合在设计之中。

4.2 “折扇”

每一个景观的塑造就是创造一个美丽的画面，在该地块中如何

创造富有特性的沿江画面？我们首先对基地的特征进行研究，基地东西两端长约60～100m，中间南北向宽度约为310m，基地整个呈扇面展开，由于防洪设计的要求，基地需要按防洪标高要求从江面开始逐步朝浦明路进行抬高。整个扇面缓缓从江面升起并展开，如同中国传统折扇优雅的在轻舞的微风中打开，在雅致的扇骨下呈现出立体的水墨山水画。我们将抬升的扇形基地比拟为折扇的扇面，将按风向走势而特意设置的乔木引风林比拟为扇骨，将整个滩的景观构成比拟为中国的水墨山水画。

5 文化构想

中国博大精深的文化并非是我们简单的形式能够呈现的，我们想要追求的是内在的精神，将形的东西抽象，将神的内涵进行吸收，将传统的文化潜移默化地运用到现代设计中。

当今的世界，全球化是不能回避的事实。伴随着科技的发展，信息的流动，人口的迁移，全世界的生产和生活的方式呈现出一体化的趋势，随处可见的可口可乐、麦当劳、IPOD，触目惊心的玻璃幕墙方盒子，标准化的生活方式在提升物质生活品质的同时，也在无情地吞噬着原来多姿多彩的人类精神家园。世界之大无奇不有，正是精彩的地方，倘若变得千人一面，千城一面，还有什么“博”览的需要呢？在世博会公园的设计中，既要反映科技进步世界大同给我们人类生活带来的巨变，又要展示现代中国城市的魅力，“世界的品位，中国的韵味”是公园设计的魂魄所系。

设计的出路在哪里？古代的中国为世界贡献了精彩的古典园林，不仅成为中华民族独特的文化标签，同时还以其独特的文化魅力成为一种可以与其他文化源流交叉互动的范式。师古而不泥古，仔细揣摩中国人的生活哲学，我们可以发现“道法自然”是其中重要的思想内核，正是对当下场地特征的充分尊重，对文化符号的精彩萃取，对生活智慧的提炼升华，成就了中国园林的精彩，也是设计2010上海世博公园的起点。

6 “间”的哲学处理手法平衡

6.1 “市”“野”之间

城市的发展、人类生存空间的扩大与自然生态的破坏毁灭，是一直困扰城市发展的难题，公园绿地的出现正是人们调和这种矛盾的初衷，而公园自身往往也存在同样的问题。“人造”、“为人造”是设计的目的，但人活动的过多介入往往为生态的创造提出限制。如何在这两者的空隙找到一个结合点。我们提出尽量多的用人工技能去创造一个自然平衡，然后让其自身能维持这种平衡。创造多种形式的自然生态环境，如河谷、小溪、水池、湿地、山林、坡地、树林等。让其多样化的生态环境自动调节，旨在恢复自然生态系统，认真地对活动区域进行划分与界定，合理地让人为活动尽量少地影响这个生态系统。并尽量多地让人能感受到自然的生态系统。

6.2 “山”“水”之间

“山为骨架，水为血脉”，山水构架是我们设计的重要理念之一。山与水的关系用古代中国园林的说法就是“水随山转，山因水活”，我们在设计中抓住滩的概念，根据防洪要求将堆土造坡与防洪要求及高架立体交通结合，在自然的状态上将水体加入其中。在综合分析基地的视线、日照、风向等的因素后，从基地的东西两端向中部堆土造山，在中部进行扭转造成高潮，结合公共演艺中心缩小土方量，使公园地形有丘陵起伏之势。强调山环水、水绕山，让其互相交融、依存，同时水体的引入能部分解决世博会间的降温散热功能。

6.3 “动”“静”之间

中国造园博大精深。中国造园史上就提出过“园有静观、动观之分”，何谓静观，就是园中游览者以驻足观赏为主；动观指有较长的游览路线。我们分析研究认为小景以静观为主，动观为辅；而大景以动观为主，静观为辅。动观妙在移步换景，静观意在花影移墙、峰峦当窗。

因该绿地同时肩负着世博会间高容量人群密度，所以利用滩的走向设置湾、岛、岸等多种空间将人活动的路线及区域进行科学的划分。将停留等候的人与穿越的人有机地组织联系在一起，较大场地中设置较有特点的主题场所，以人的活动聚集为尺度，设置较多人参与的趣味性设施，达到可停留，可休憩的目的。

6.4 “林”“木”之间

“单株为木，千株为林”，在植栽的群落总体设计中，我们慎之又慎，如何做到“疏不失旷，密不嫌繁”。该项目中因世博会间高容量人群密度的关系必须考虑其较大的乔木覆盖遮阴率。在具体组织中，做到疏密有序，在大面积的林木种植中，模拟自然界的植物形成的规模效应。裸子植物与被子植物比例为1:6；双子叶植物与单子叶植物比例为9:1；常绿树种与落叶树种比例为6:4；乔木与灌木与草本植物比例为2:1:3（面积按投影面积计算）；乡土树种与外来树种比例为8:1；速生与中生树种比例为1:1；慢生与中生树种比例为1:3。

6.5 “传统”“现代”之间

中国博大精深的文化及基地后工业时代的烙印给我们在设计时套上了较重的枷锁，如何处理好“传统文化”与功能使用的具体需求，之间的关系一直缠绕着我们，注重地域的文化特色是设计的重要出发点。

舍弃传统造园的形式，将中国园艺的精神及内涵重新表达，是我们最终的选择，吸收传统文化的路线组织，视线组织及空间组织。运用现代的形式、材料，满足功能所需要的规模、尺度，塑造出具有独特风格个性的中国世博的滨水绿地。

7 “有机论”下形成的空间格局

均匀分布于基地的乔木林为主体结构，以地形的山脊形成的步道为主要交通主框架，贯穿水、林、丘、桥等主要景观元素，在其沿线组织出不同的生态景观，在水与林的相互交叉、丘与桥的相互交织中，形成了世博公园的整体格局。

7.1 人工水体与公园基地的契合

公园中的人工水体通过“水冲刷”状的流线自然打破各个几何构图单元，以“引水入林”的手法将水系以仿自然的现代构图引入景观林地，整个水系呈树枝状沿江延展于整个基地，与公园大的基底背景完全地契合到一起。

水系分为两大部分，西段为自然的湿地水系，朝东部延伸时逐渐转变为硬底人工浅水景观，其水面积在会间利用特殊的设计手法减少水面，可满足功能上的灌溉、降温、戏水等，并将水滩作为其重要的景观亮点处理，在水渠与游路交叉处，点睛地做出特色景点设计及大面积的活动停留空间，沿水的走向利用人工造雾的方法还设置了迷离的雾景。

7.2 线性林地与江面景观的渗透

在乔木的骨架设计中，我们通过对风向、遮荫及视线等因素的综合考虑以人工的植栽方式创造较为现代的栽植艺术，以折扇骨架为创作原型，均匀地在基地中布置整齐的南北向条状林地，在每一条林地中选用2～3种高大乔木，让其自身形成一个乔木系统。选择季相性的有特殊色彩变化的色叶大乔木，种植方式强调较弧线分区与直线守边，分布于起伏的基地中，创造出黄埔江边亮丽的植物虹。这样处理可以在创造沿江序列性植物景观的同时有利于江面视线的渗透，起到引导视线，将江面之景引入园内的作用。

7.3 山丘地形与公园气氛的营造

山水构架是我们设计的重要理念之一。注重自然生态景观的塑造，充分考虑植物的生态内涵，建立集生态、展示、游览等功能于一体的园林景观体系，形成可持续发展的公园绿地生态系统。尊重科学，用专业严谨的态度对水系布局、植物配置、地形改造等做出合理的 布局设计。尽量多地用人工技能去恢复一个自然平衡，通过合理配置让其自身能维持这种平衡。创造多种形式的自然生态环境，如江谷、小溪、水池、湿地、山林、坡地、树林等。旨在恢复自然生态系统，对活动区域进行划分与界定，合理地让人为活动尽量少地影响环境，尽量多感受到自然的勃勃生机。

7.4 构筑形体与自然景观的融合

为了避开建筑体量过大对景观的影响，我们对建筑布局进行了大胆的特色化处理，将建筑进行“隐藏”，使其部分覆土，部分下沉造成体量消失。将景观与建筑完美结合，建筑体形尽量选用曲面柔和的造型，利用与地形的连接及屋顶覆土将建筑的体量弱化，利用上人覆土屋顶的起伏设置屋顶花园，将建筑与景观融为一体。

另外，随着地形的起伏，在多处设置曲面的空中立交弧桥，利用舒展的弧桥将有高差的山丘或水体等自然景观进行人流的衔接，并利用其创造出空中的制高观景点，其本身也成为较好的视觉审美元素。

8 革新与创造

8.1 防汛墙体的隐藏

将千年防汛墙后移，沿黄埔江分级设置防汛，结合地形掩藏，使整个公园真正地与黄埔江融合，在满足防洪要求下对江面的亲水空间进行退让，尽量多地让人与水的活动可与江面发生关联。加设滨水台地，按统一的设计方式进行梯地跌落，对沿江驳岸进行艺术化的处理消除垂直驳岸，在保证人流的安全的前提下应让人观赏和感受到黄浦江是一条一日两变的潮汐河。

8.2 植物设计的创新

创造独特的风景色叶林带，成几何条状均衡地分布在基地内，风景林树种的选择具有较高的观赏性和季相变化。以常绿及落叶混交林作为骨架，种植方式突出群落式组团配置，选用的乔木有较强的季相色彩变化，在基地中形成彩色的主要植物骨架，如雨后彩虹般展现于黄埔江岸。同时结合滩的设计概念，创造最新的地被植物“混播”方式结合上海的本土植物和“花境”的方法，布置褪晕的底层地被植物系统，创造色彩斑斓的底层植被景观。

8.3 场地记忆的勾勒

结合现状保留建筑体现滨水工业文化，传承历史、展时代风貌、融合地域文化。 历史、文化是一个民族的精神凝聚力，地域文化则是区域民众的共通点。文化渗透于社会的各个方面，没有文化的设计是苍白的。尊重历史文化、地域文化，充分挖掘基地滨水工业烙印的特色文化。具体以下的几点:

（1）对具有特色的工业建筑进行功能转换，改造保留利用（和兴仓库、特钢车间）。

（2）对一些有典型工业代表特征的构筑物进行景观改造利用，进行全新的表达（成品码头吊船排架、塔吊）。

（3）在小品、雕塑及服务建筑设计中，结合利用一些特色的工业零配件进行特色处理，既体现了基地工业印记，又节约投资造价（船栓、建筑构件等）。

8.4 塔吊的保留

世博公园原码头保留了大量塔吊、吊塔、桁架、传送架、船栓等。这些工业构筑物承载着上海城市发展的记忆，见证着上海工业发展的历程，为了尊重历史文化、地域文化，充分挖掘基地滨水工业烙印的特色文化。故需要对工业遗留构建进行保留和利用。

最初的设想是利用塔吊自身的吊装功能在江边建立多层次“空中花园”，由于多方面因素的考虑，目前经过现场踏勘及认真研究，目前世博公园保留塔吊编号为504、508。

由于塔吊自身的高度过高，扩张性较强的红色，与周边建筑及景观有所冲突，经与业主、施工单位沟通，决定将原有塔吊进行优化处理。降低高度，并在两塔吊之间增设观江平台，人们可以参与其中感受曾经的记忆。

9 科技世博，正生态技术的应用

根据“一个降低，两个提高”的设计指导方针，世博公园将降低传统硬质铺地、小品、建筑设施投入，提高生态型资源材料的投资比重，加强植物技含量，在公园中运用了7项新的生态技术，展示中国上海对生态环境处理的重视及能力。

9.1 雾喷降温技术

公园在展会期间将会为参观者提供一个舒适、荫凉的休憩场所，实施目标是将公园温度降低 3～5℃。结合公园树枝状的水体，沿着水的穿越，在水岸边设置节点，结合艺术装置设置雾喷，定时控制升起的薄雾如自然的表情般来回变换。 在炎热的气候除了大大降低空气的温度外将会起到控湿、除尘、改善微环境的作用。

9.2 资源型生态透水路面

所谓资源型透水路面，就是利用一些再生资源作为铺设透水路面的材质，在保证路面强度的情况下，有良好的透水、透气性能，可使雨水迅速渗入地下，补充土壤水和地下水，保持土壤湿度，改善城市地面植物和土壤微生物的生存条件。可吸收水分与热量，调节地表局部空间的温湿度，对调节城市小气候、缓解城市热岛效应有较大的作用。因其特有的节能、环保、生态等优势，既符合2010年上海世博会的主题，又代表了当前世界公共环境建设绿色、生态、节能的潮流，实现废弃物的高效回收和再生利用，在未来具有相当大的推广价值。

9.3 植物改良修复土壤

世博公园内选取局部区域利用超积累植物（hyper-accumulator）的提取作用去除污染土壤中的重金属，通过重复种植和收获超积累物将污染土壤中重金属浓度降至可接受水平。

9.4 可上人的耐践踏草坪

为满足世博期间公园8万人/天的极端人流，在人流密集的部分区域设置耐践踏草坪。从草种混播、基础处理、管理维护均进行研究，为解决大型集会的景观环境作出典范。

9.5 生态绿屏

Mobilane的“绿屏”是一种有生命力的围栏，由覆盖绿色植物的金属钢架构成。植物在位于钢架底部的可分解槽里生长，“绿屏”一旦被装置好后槽就会被泥土完全分解掉。其简易安装及产业化生产，促进垂直绿化产业的革新。

9.6 屋顶上人绿化

屋顶植物绿化大大降低建筑物的能耗，通过植物的蒸发作用调节室内的温度，达到一定规模的屋顶绿化能降低整个区域的气温，结合服务建筑设计，在公园中将屋顶做成可上人的绿化景观设施，将活动、休憩与屋顶绿化结合在一起，增加人流停留休憩的平台空间。

9.7 生态水处理

公园浇灌及景观用水水源采用中水与湿地公园净化后的黄浦江水结合进行灌溉；针对不同植物类型采用喷、滴灌等相应有效的灌溉技术。

二　白莲泾公园

1 背景

白莲泾，又名莲溪，为老上海著名八泾之一，其中有1km左右岸线横穿浦东世博园区。是园区内惟一一条内河景观，由于城市环境的变化，目前白莲泾的水体浑浊、透明度低、有机污染严重；护岸形式单调，景观效果差，隔断了陆生态与水生态的关系。

2010上海世博会白莲泾公园地处黄浦江与白莲泾河交汇处，改善白莲泾世博园区段及邻近河段的环境质量，对昭示“城市，让生活更美好”的世博会主题，具有重要的现实意义。白莲泾公园是构成上海城市绿色生态廊道的重要部分，是中心城区重要的滨水公园之一。为保证黄浦江滨江沿线的连续风景，以促成统一的滨江景观绿带建设，进一步完善滨江绿地的延续，体现滨江绿地向内的渗透。白莲泾公园的建设让绿色重返浦江，让市民接触自然，创造独特景观，强化都市形象，延续城市文脉，形成城市特色，改善可达性与亲水性，提高城市生活环境品质。公园在世博会办展期间，是参观者游憩和休闲的重要场所，具有显著的景观游憩功能。

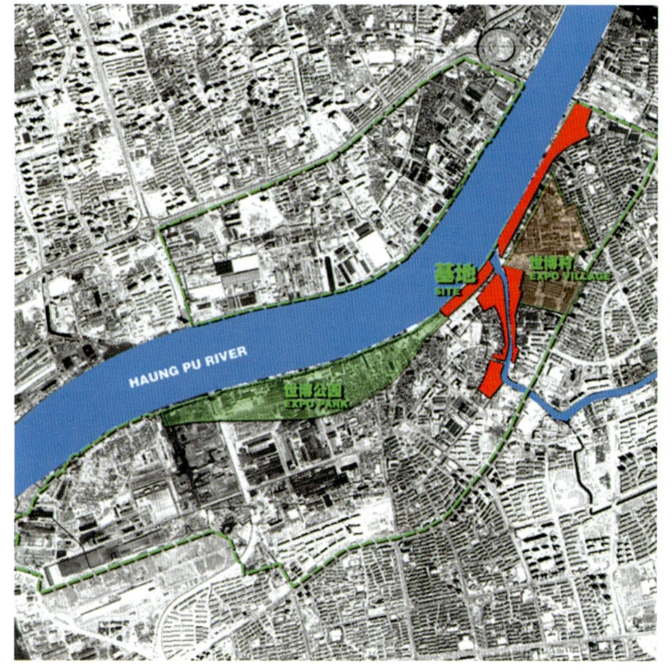

2 基地

白莲泾公园北邻黄浦江、南至雪野路桥，西起世博园区世博公园，东接世博园区世博村及配套设施，用地面积约13hm²；基地处于“世博公园”、“世博村”、“样板段入口”之间，是世博园区的入口的等待休憩及疏散区域；是世博村的配套区域；是黄浦江沿线的连续滨江景观绿带的其中一部分。基地周围规划条件已基本确定，用地较为零散不规整。规划范围由白莲泾滨江绿地、世博村滨江绿地、白莲泾河道两侧绿地及沿江码头4部分组成。

基地内原土地使用性质上主要为工业、码头、仓储用地，岸线约1.52km，基地原状建筑大多为厂房、仓库，建筑高度大多为1~3层。沿江驳岸边有工厂的大型码头以及船厂的大型船坞等设施，还有越江轮渡站。现状中有大量工业设施构筑物如吊塔、桁架、传送架、船栓等，其中吊塔、桁架等尺度都较大。现状防洪体系为钢筋混凝土直立墙体防洪墙，墙顶高程为6.2～6.7m，墙体露出地面高度约为1.2～2.1m。防洪墙基本沿岸线成直线布置局部码头有退让。现状墙体无任何景观设计，仅为防洪使用。基地中无成体系绿化，由于用地性质的变化原滨江生态系统已经被破坏，码头及堆场使整个滨江原始的生态

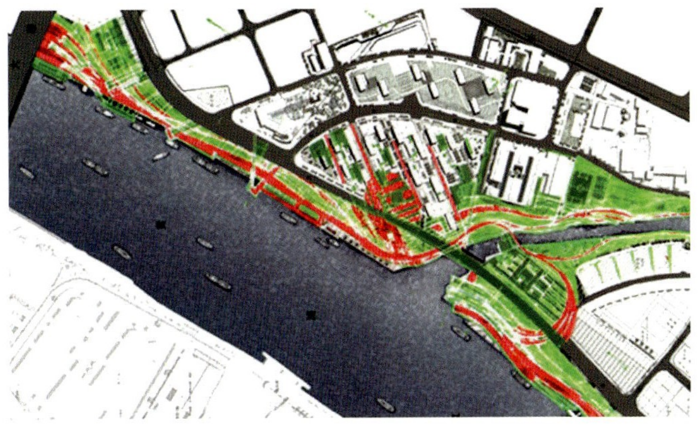

系统已不复存在，除厂区内有部份乔木绿化外，乔木品质及规格一般，基地范围内现状无连续的可利用绿化。

3 五大功能和“配角”的定位

白莲泾河道是惟一一条世博规划区域内的内河，河道景观设计区域地处黄浦江与白莲泾交汇口，地理位置有独特的标志性，由于泵闸的建造使其周边地段将会有着良好的滨水资源和亲水性。在上海市总体规划和世博会规划的指导下，考虑世博会区域内景观环境的整体协调性与不同功能区域的特征性，与紧邻的“世博公园”保持有机衔接过渡，设计风格保持协调一致，体现世博景观环境的特殊代表性，保证黄浦江滨江沿线的连续风景，以促成统一的滨江景观绿带建设，进一步完善滨江绿地的延续，体现滨江绿地向内的渗透。对该绿地的主要实质性功能定位为：

入口接待功能——世博园区的入口区域，需要掌握场地与人流密度和人的行为活动规律，为各种可能性提供开放的活动、休憩、等候空间。

生态调节功能——上海黄浦江两岸绿化系统的一个组成部分，构成城市绿色生态廊道的重要组成部分。

补充配套功能——地块比邻世博村，需结合世博村综合考虑，作为世博村密不可分的一个部份，强调补充和完善世博村的配套需要使用的功能。

过渡协调功能——绿地分别为世博园区中的围栏区和开放区服务，景观设计需协调处理，肩负人流、功能、性质的过渡与协调。

缝合整理功能——绿地中有3个专用码头及11个市政配套设施，设施分散杂乱设计需对场地及地上设施进行详细处理，对场地进行缝合整理。

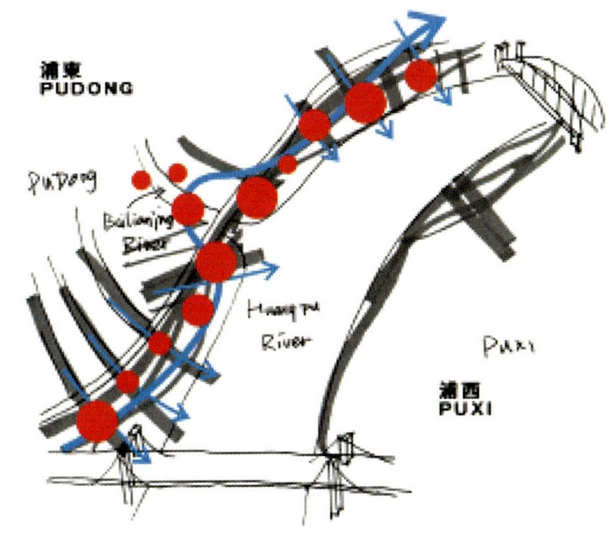

4 “漾”的理念延展

针对公园本质的功能需求，设计抽象地提出了此次设计理念“漾”，其主要象征着一种冲击后逐渐的平静、一种破碎后有机的整理、一种缝隙中从容的生长。

4.1 “过渡”一种冲击后逐渐的延续

从世博会整体景观区域来看，白莲泾公园处于世博公园和世博村之间世博围栏区以外，从该区域位置及作用来讲，此绿地的并非是世博会整体景观的核心区域，在整体规划设计中其并非是所谓的“主角”，我们需要清醒地意识到这点，但“配角”的意义并非就是次要的或者是不必要的，在众多重要的内容中恰恰就需要这样的“配角”进行有机的过渡。需要其在“主角”间进行逐渐的补充和延续。强调与“世博公园” 的统一，与“世博村”联系。

4.2 “重构”一种破碎后有机的整理

该区域曾经是莲藕荡漾、生态自然的美丽河道，随着中国工业的快速发展，见证了上海港口城市的辉煌，一个时代成就一个特色的时代文化。我们不能粗糙地对过去的某一时段进行简单的复原，创造出一个白莲盛开的河道景观，因为它虽然代表了曾经但并不代表永恒，我们不能粗暴地进行单一性复制，因为文化是流淌的、是生长的。

4.3 “缝合”一种缝隙中从容的生长

由于地块自身的用地条件限制，该用地被浦明路、白莲泾河道、防洪墙、各种市政设施及专用码头等分隔，需结合桥梁、泵闸、雨水泵站、应急疏散场所等市政设施进行综合考虑设计。

4.4 “开放”一种在主流中冷静的反思

该规划地块的最核心出发点就是把“空间公共化”，把上海最宝贵的黄浦江的滨江景观资源公共化。设计的出发点就是强调在地块使用中满足不同的人群，创造不同的空间，最大程度地让使用者享受到黄浦江最美丽的风景。

在城市快速发展之初由于交通、资金、资源配置等各方面因素，大量的城市核心资源被占据，城市如同经济发展的机器在不停地高速运转着，缺少对公众人群最本质的关怀和馈赠。少数的公共空间也被橱窗化、贵族化和商业化；另一方面新的交流方式如电视、电话、网络的出现不仅引发了公共区域对于实体依赖性的下降，而且还削弱了人与社会之间的关系，使得人与人之间变得越来越冷漠。

5 系统整合的手法处理

在所有的规划设计中都试图在一堆纷繁复杂的问题中找到突破与出口，我们需要的是在这些矛盾间寻找一个“空隙”，在空隙中呈现一种“平衡”。合理利用一些独特的设计处理方法解决问题，就是设计要达到的基本目标。

5.1 单一元素统一化

在设计中一直困扰设计者的就是如何把这么多纷繁复杂的场地统一起来，做过多种尝试后最终发现单纯的手法是统一的最佳途径，用“极少”控制“极多”。在设计中为了将世博公园的风格部分的延续达到黄浦江绿带，使得一定区域内的设计风格统一化，所以选用了柔和的曲线作为设计元素的主导，在狭长的带状用地中“曲线”是最佳的设计元素，使用单一的曲线设计元素对场地进行统一是此次设计的主要手法，单一并不意味

着单调，利用不同方式的曲面将地形、防洪墙、服务建筑等统一在一起，可以创造出丰富多变的空间。

5.2 线性空间节点化

在适当的位置设置多个节点是将场地划分处理的基本手法之一，在狭长的带状基地里利用线性元素将场地统一后，结合世博村的道路及视线综合协调考虑，在流动的条状地根据不同的功能需求设置了9个节点并在每个节点都赋予其与众不同的独特个性，增加带状地形的趣味性及空间的可识别性。

5.3 多种活动分区化

规划方案中，地形与防洪墙完美结合，通过一条蜿蜒起伏的绿色绸带将所有场地捏合在一起，也将浦明路的车流与滨江的休憩人流进行分区。因该绿地同时肩负着世博会间高容量的人群密度，所以用不同曲线的走向设置起伏多变的不同空间将人活动的路线及区域进行科学的划分。将停留等候的人与穿越的人有机地组织联系在一起，较大场地中设置较有特点的主题场所，以人的活动聚集为尺度，设置较多人参与的趣味性设施，达到可停留，可休憩的目的。

因该绿地同时肩负着世博会间高容量人群密度，所以用不同曲线的走向设置起伏多变的不同空间，将人活动的路线及区域进行科学划分。将停留等候的人与穿越的人有机地组织联系在一起，较大场地中设置较有特点的主题场所，以人的活动聚集为尺度，设置较多人参与的趣味性设施，达到可停留，可休憩的目的。

5.4 各种要素典型化

中国博大精深的文化及基地后工业时代的烙印赋予了设计师艰巨的责任，如何处理好“传统文化”与当代功能使用的具体需求之间的关系一直缠绕着我们，注重地域的文化特色是设计的重要出发点。选择典型特征及符号并将其抽象表达，舍弃传统造园的表面形式，将中国园艺的精神及内涵重新表达，是我们最终的选择，吸收传统文化的路线组织，视线组织及空间组织。运用现代的形式、材料，满足功能所需要的规模、尺度、塑造出具有独特风格个性的中国世博的滨水绿地。

6 人文特色的重构

6.1 水岸长廊

滨江视线资源是基地最大的优势，基地滨江岸线长达1.56km，原码头有13个之多，我们利用现状码头对驳岸线进行整合改造，创造独一无二的水岸风景线。码头除了保留利用作为游船泊位外，将会转型成为市民亲水休闲的特色观江平台，在此区域将上海溶剂厂的4个码头进行整体改造整合，保留2个质量较好的桩基固定码头，在原来2个拆除的浮码头位置上重新修建亲水性平台，把原来凌乱的景观整体化，对现状驳岸立面进行统一处理。

6.2 工业记忆

地域文化是区域民众的共通点，尊重地域文化，充分挖掘基地滨水工业烙印的特色文化是设计中需要抓住且适度运用的关键点，如何在满足景观追求的前提下将基地中原有的工业元素保留利用是此次设计的重点之一，基地中的塔吊是工业文明的产物，因为它特殊的地理位置和形象特征，已成为了上海工业时代的象征，是上海港口城市发展的见证物。在广场周围巧妙地设置半覆土的生态建筑作为广场的商业服务建筑，利用坡道将人流引致屋顶设置观江平台，再结合防洪地形设置弧形的休息台阶，创造可用、可憩、可赏的三维立体广场。

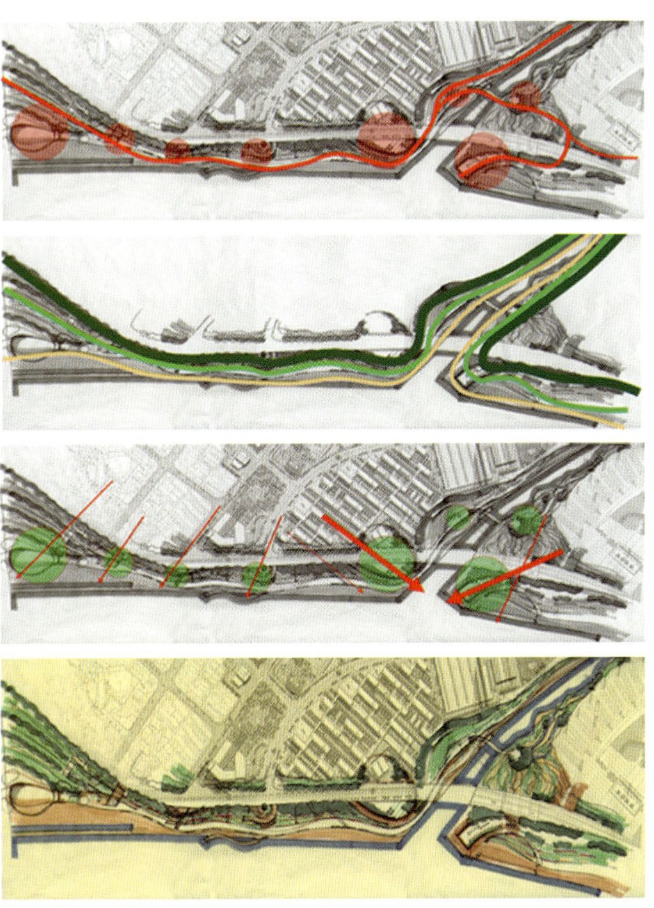

由于位置的特殊性，该节点把两个特殊的元素组合在一起展示将成为世博围栏区入口的标志性景点之一。在细节处理时尽量利用一些遗存的工业构件和材料进行二次创作设计。在世博会中和会后，给人一个休息娱乐空间，一个怀旧历史、展望未来的理想去处，留下的工业水运码头印记，也同时成为了上海又一个独特的标志性景点。

7 生态地景建筑的尝试

为了避开建筑体量过大对景观的影响，设计对建筑布局进行了大胆的特色化处理，与双曲面地形结合将建筑进行“隐藏”，使其部分覆土，部分下沉造成体量消失。将景观与建筑完美结合，建筑体形尽量选用曲面柔和的造型，利用与地形的连接及屋顶覆土将建筑的体量弱化，利用上人覆土屋顶的起伏设置屋顶花园及上人观光平台，将建筑与景观融为一体。

基地用地中码头用地达到约2万m^2，特别是基地东端的上海南浦港务公司码头具有典型的代表性，用地狭长且不能对岸线进行大规模的拆除改造，在现有的条件下我们选择了流动的水纹曲线对其进行软化，将地形与防洪墙结合塑造出流淌的绿色双曲面，与世博公园“滩”的概念有机地联系在一起，在白莲泾河口处地形蜿蜒直上造成视线的焦点，突出江河交汇的区位与动感。地形上以上人草坪为主，在江河交汇处创造出一个绿色的观江平台，此处地形开阔除可遥看外滩外，卢浦、南浦两座大桥也有其最佳的观赏视线。

利用地形的起伏将服务及商业设施巧妙地隐藏在里面，其中防汛墙外侧会间作为商业服务，会后可作为公共休憩的半开放空间。码头处理保留原有结构体系对其面层进行改造，利用材料的分隔和部分抬高的场地破除原状单调狭长的空间。

三　后滩公园

1 背景和概况

后滩公园位于上海世博会围栏区西南角，后滩公园的规划范围西起倪家浜、东至打浦桥隧道的浦明路沿黄浦江一侧所有用地。它北临黄浦江，南临世博场馆区，东接世博公园，西接外城区。会时总面积约16hm²，会后总面积18.2hm²，岸线长约1.7hm²。基地范围内现状用地性质主要为工业和仓储用地。

在后滩地区发现了黄浦江城区段罕见的天然湿地，如何保护、开发及利用天然湿地景观将成为世博环境设计的亮点，它是展示世博主题、体现和谐城市的绝佳载体。

2 “双滩谐生”的自然回归

方案以“滩”的回归为设计概念，“双滩谐生”为结构媒介，通过湿地、土壤和动植物群落等的保护与恢复重现江滩湿地景观。“双滩”一指外水滩地，一指内水滩地。外水滩地主要是指原生湿地和与黄浦江直接相邻场地的恢复湿地；内水滩地主要是指场地中部的人工湿地。

外水滩地中的原生湿地部分主要采取保持其原生态的自然风貌，保护其免受人为干扰；而与黄浦江直接相邻的滨江芦荻带则通过改造现状驳岸，重塑“滩”的形态，恢复黄浦江岸的自然滩地。这样不仅形成抵御风暴潮的天然屏障，降低洪水风险；而且强化湿地的生物净化功能，缓解黄浦江的水质污染。

内水滩地中的人工湿地主要通过场地竖向改造形成，包括内河净化湿地带和梯地禾田带。整体功能突出湿地作为自然栖息地和水生系统净化、湿地生态的审美启智和科普教育等功能。外水滩地和内水滩地之间通过潮水涨落、无动力自然渗滤进行联系，它们息息相关，一同营造着具有地域特征、能够可持续发展的后滩湿地生态系统。 同时考虑到后滩湿地位于上海市区内，能够降低城市热岛效应的有效率的绿化不可或缺，因此同时结合特色湿生植物和乡土乔木等修复生境廊道，营建具有浓郁地域特色的城市湿地公园景观。

3 立体分层布局叠加

公园采用立体分层布局的方式，以场地发展的时间脉络、空间背景和场地禀赋作为线索，采用“滩”的回归、场所记忆、多重体验的规划设计理念，将公园分为湿地生态景观层、梯地景观层、工业遗存层和现代休闲体验层4个功能层次，并由它们的叠加形成总平面的总体功能布局。

其中湿地生态景观层是本规划中的生态基础，担负着湿地保护与恢复的生态功能，是黄浦江滩地景观的回归。湿地生态景观层由原生湿地保护区、滨江芦荻带、内河净化湿地带和梯地禾田带4部分共同构成，并形成以“双滩谐生”为结构特征的湿地生态系统。原生湿地保护区和滨江芦荻带主要指与黄浦江直接相邻的外水滩地，而内河净化湿地带和梯地禾田带则一同构成场地中部的内水滩地。外水滩地和内水滩地之间通过潮水涨落、无动力自然渗滤进行联系，它们息息相关，一同营造着具有地域特征、能够可持续发展的后滩湿地生态系统。

4 场地文脉秉承

在湿地生态基底之上，点缀梯地禾田、“空中花园”和漂浮的花园等工业遗存、“机器的容器”等现代休闲体验场所。这些节点是整个场地景观演变中的重要点滴，它们共同勾勒出场地的历史记忆。

上海是中国近代工业的发源地，见证了近代民族工业由无到有、由小到大的发展历程，场地范围内的工业遗址主要为工业厂房和货运码头，有型钢厂三车间、厚板酸洗厂房和码头等。工业遗存层本着从低成本的物质循环层面出发，力图以历史为依托来挖掘当代文化价值，通过改造厂房建筑及码头遗址，运用剥离、填充、穿插等手法，强调工业时代建筑规矩简洁、空间方整、功能优先等特色，突出工业时代大生产的特征，追忆上海后滩的工业文化历史。

5 梯地禾田消解场地高差

方案利用梯地禾田来消解场地千年一遇防洪标准与内河净化湿

地之间的高差。梯地禾田主要位于场地南部，是场地与城市的过渡地带。梯地禾田借助“田”这一特色景观，不仅消解了千年一遇防洪标准与内河净化湿地之间的高差，有利于场地与城市的融合，而且映射了场地近千年的农耕景观，丰富了场地与城市交接的景观界面。

6 湿地植物规划设计

种植场地位于上海黄浦江边，特殊的临水条件为生物多样性提供了良好的前提条件，场地中现存的江湾湿地是上海市区惟一一块原生自然湿地，由镳草、芦苇、河柳、构树、女贞构成和谐的滨水植物群落，现状湿地的保护对整个后滩公园乃至黄浦江流域的植被恢复与保护都具有重要意义。从功能上，作为一个以湿地为主要景观的公园，兼有景观与科普教育功能，需要大量具有地方特色的湿地植物构建公园特色。

滨江植物景观带以芦荻种植为主要特色，成片种植于临江滩地，形成临江湿地植物景观的基调。滨江码头及几个休息平台周围种植芦苇、镳草与蒲苇、菰等呈野生状生长的观赏草与芦荻形成的植物基调相统一，共同构成大气统一的临江植物景观，与原生湿地植物种类相呼应，寄托人们对渔猎生活的追忆。

内河湿地植物景观带主要由各种当地乡土湿生及水生植物组成，在滨江芦荻带和梯地禾田带之间形成蜿蜒曲折的带状湿

地景观，由耐湿乔木、湿生植物、挺水植物、浮水植物、沉水植物按照一定的空间平面布局共同构成一个完整的湿地植物群落，为生物多样性提供良好的条件，同时作为一个完整的水体过滤净化系统，为下游世博公园提供充足的符合景观用水标准的水源。湿生植物本身具有良好的固土作用，同时在雨季对河水有一定的涵养与协调功能。挺水及浮水植物本身具有很好的观赏价值，同时能对水中的污染物及有害物质进行吸收、过滤、分解及转化，从而起到净化作用；沉水植物以水下造氧植物为主。水下造氧植物在扼制污染池水的藻类生长方面起至关重要作用。

沿内河坡地一侧上层乔木为耐水湿的水杉、池杉、落羽杉沿漫滩散植，下层为水生和湿生植物。湿生植物沿湿地一侧纵向分布，全部选用开花植物，在水生植物之外形成一条植物花带。

水生植物沿水底等高线呈环状分布，从浅水到深水依次种植挺水植物、浮水植物、沉水植物。水边湿生植物有萱草、梭鱼草、石蒜、石菖蒲、紫苑、马蔺、鸳尾，带状种植，形成区域特色。挺水植物有菰、芦苇、香蒲、荻、水葱、酸模、千屈菜等，浮水植物有水花生、莎草、槐叶萍等，沉水植物有眼子菜、金鱼藻、水鳖、轮藻、苦草、狐尾藻等,并结合其对水体中不同污染物的吸收净化功能按区域分布。

梯地禾田植物景观带通过高低错落的梯田台地自然化解场地高差，并形成丰富的景观界面，同时为水体的净化提供了更多途径。田中种植的植物上层为高分支点桂花和乐昌含笑，规则种植于各活动广场，为游人提供充足的林下空间。下层地被植物是形成本方案特色的重要元素，从类型上分为三大类：五谷、经济作物、景观植物，各类型中又分水生与陆生植物交错种植

于水上田及水下田。五谷植物有水稻、小麦、谷、高粱、大豆、薏米，经济作物有藕、油菜、芋、慈姑、荸荠、菱角、向日葵，景观植物有女贞、栀子、南天竹、菖蒲、八角金盘、镳草、芦苇、菰、蒲苇等，其中镳草、芦苇、菰、蒲苇等，与外滩的植物遥相呼应形成整体景观。在纵向上三种类型的植物在平面上交互穿插，但具体到每个单独品种又连片种植，既形成大气的视觉效果，又具有节奏感，使得每一路段都具有特色，制造景观兴奋点。水下田植物为三种大类中的水生植物，与水体中自然方式种植的水生植物形成对比，同时又有机结合，共同组成和谐的水生植物群落。

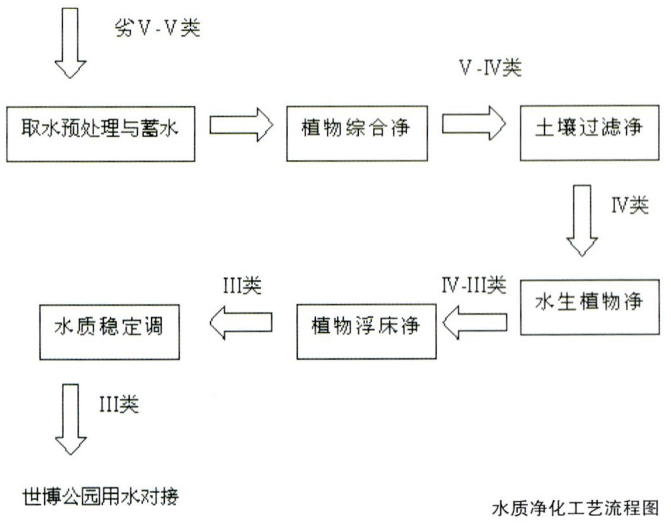

水质净化工艺流程图

7 生态水体构建

公园的设计以湿地的自然复兴和恢复湿地的领土特征为指导思想，应将湿地作为生物和能量交换的生态廊道，实现物质的自然循环。在作为探索城市发展与自然和谐共存课题的后滩公园设计实践中，如何运用现代的理念和先进的技术营建出这样的湿地公园成为设计面临大问题。生态与人文理念贯穿于后滩公园的全部设计过程，主要体现在再造公园的相关措施与技术方面、场地工业遗存保护再利用等的相关措施与技术，以及其他生态可持续发展等相关措施与技术等。

根据世博会生态建设目标和世博总体规划，本着“科技世博，生态世博”的精神，后滩公园旨在建立一条生态水系，将黄浦江的劣Ⅴ-Ⅴ类水质净化为Ⅲ类水质，并使水质清澈见底；同时为世博公园提供2000t/D的水量，以满足世博园每日绿化浇灌和生活杂用水的需要。

湿地的净化功能就是建立在这样一个完整的生态系统之上的，使污染物像其他任何物质一样在湿地内按照食物链上不同营养级的等级进行吸收、循环、转化、降解，任何一个环节出现问题或遭到破坏，将会殃及其他与之有联系的环节，从而切断系统的能量流、物质流以及信息流，湿地的生态功能将不复存在。因此，在整个世博园后滩湿地的规划中，我们将湿地系统完整性放在首要位置，以此保证湿地净化功能的有效性。

主要来自黄浦江水及自然降水的原水通过梯田净化区、沉淀及植物综合净化区、土壤过滤净化区、重金属净化区、病原体净化区、营养物净化区、生物膜过滤区、水质稳定调节区、过程分区的净化后，主要提供世博公园的用水，除此外供湿地绿化喷灌用水及场地冲洗用水等。在总体工程基本完成时，通过投放挺水植物种植、沉水植物种植、浮游动物（食藻虫），以及通水试验，开始水体净化工程。后滩水系水质调控组对水体水质进行监控，涉及水样、浮游植物、浮游动物、底泥等方面。每周对生态水系水体采样检测，采样点根据每次检测结果与分析进行调整。根据监测情况，得出水质监测报告进行数据分析。

四 江南广场及滨江绿带

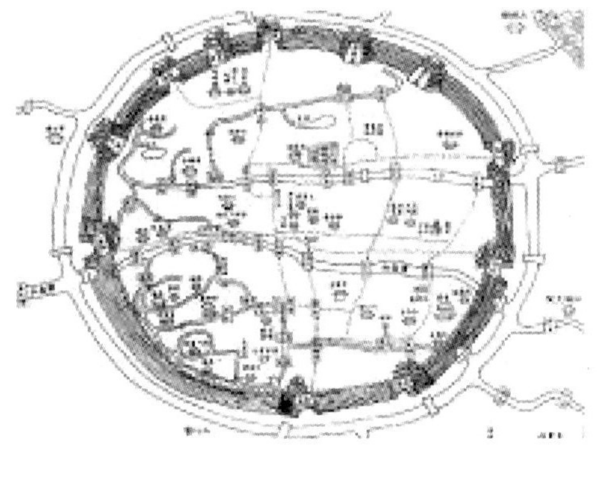

1 承载

江南公园位于江南造船厂址，前身为“江南机器制造总局”，从1865年创立江南机器制造总局到现在的江南造船厂这片土地经历100多年的沧桑巨变，这里曾今是中国的“第一工厂”。从封建社会到世界强国，这片土地承载着太多的希望和梦想。

“昨天”在世界强国的压迫下创办江南机器制造局，“今天”在世界的瞩目下创造2010年上海世博会的浦西主场地。我们用身体贴近这片土地，感受它的华丽转身，用世博的舞台来演绎100多年前创办这片场地之初的理想“自强”和“求富”。

2 基地

基地现状用地性质主要为工业用地、仓储用地和办公用地。基地内及周边范围内，目前有江南造船（集团）有限责任公司若干生产车间、办公楼、船坞、船台、生产性场地，南市发电厂，南市自来水厂，上海集装箱厂，求新造船厂、南市自来水制水有限公司、南江路轮渡站等；

江南广场公园用地十分开敞，成半月状，主要由1号、2号、3号船坞和1号、2号船台及其周边工作场地构成。进深最大约为250m。船坞船台方向与黄浦江垂直，尺度巨大，极具重工业特色，基本由钢材和混凝土建造。工作场地地势平坦，地坪大部分为钢筋混凝土浇注，绿化基本无；沿江驳岸边有工厂的大型码头、以及船厂的大型船台、船坞等设施，还有越江轮渡站。其中吊塔、桁架等尺度都较大。基地内现状黄浦江岸线约2.90km，其中码头总长度约为1640m，码头总面积约为$12000m^2$。

3 鲜明的文化印记

基地跨越现黄浦区与卢浦区的滨江交界地带，位于老城厢的南部，受到老城厢发展的辐射带动，人文景观资源丰富。其中比较有代表性的为半淞园、老上海南站等。两者目前均无实体遗留，世人仅以半淞园路和南车站路等若干名号表以纪念。

工业遗产则以江南造船厂为代表。其前身为“江南机器制造总局”，由晚清李鸿章1865年在上海创办。它的建立，标志着中国现代工业的开端，为中国近代军事工业的发展做出了重要贡献，被誉为“中国第一厂”,同时也是传播西方近代科技的重要平台。如至今仍存留的翻译馆，翻译了许多西方书籍，培养了大量人才。建国后，江南造船厂又创造了多个中国造船史的第一:至今仍扮演着重要的角色。应举办世博会需要，厂区搬迁至长兴岛。现存的江南造船厂厂址，包含了历时久远的若干老建筑和船台船坞；如2号船坞、海军司令部、机动部车间、红楼、翻译馆、总办公楼、造船事业二部、西区加工车间、管子车间、东区焊接工场等。基地内有5处船台船坞等极具工业特质的骨架，其中2号船坞被评为上海优秀历史建筑；保留有大量的工业设备设施，是上海重要的近代工业遗产之一，具有保护及再利用价值。其他建筑将被保留改造为世博会所用。

此外，南市发电厂的独特建筑特色也将被改造为世博会的未来能源展示主题馆，其烟囱则被改建为和谐塔。

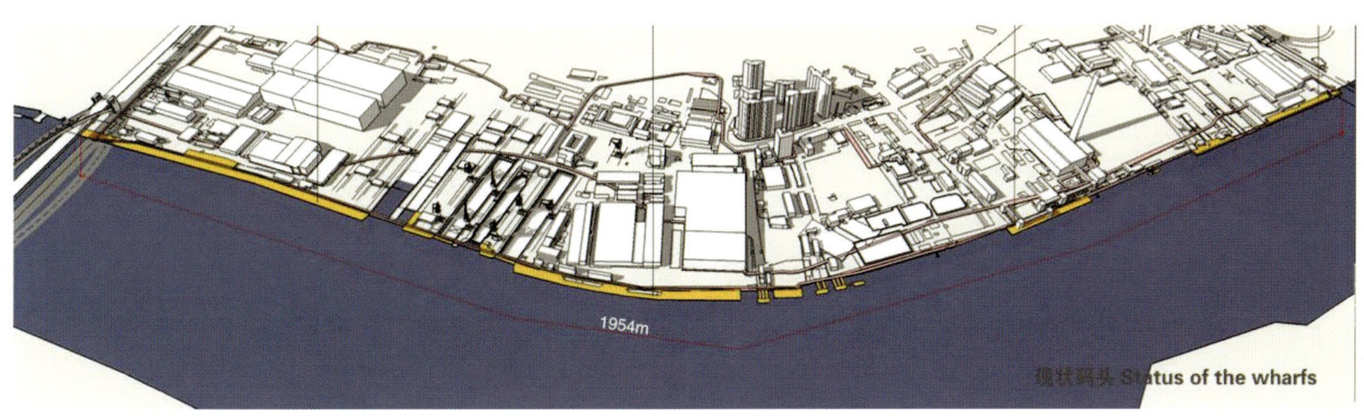

现状码头 Status of the wharfs

2号船台：

以观赏游览为活动主题，以“风”为主题创造景观，结合风能源展示利用，创造动感体验的特色花园。

1号船坞：

以集会表演为活动主题，以“水”为主题创造景观。展示水资源的利用保护，创造分层立体特色花园。

1号船台：

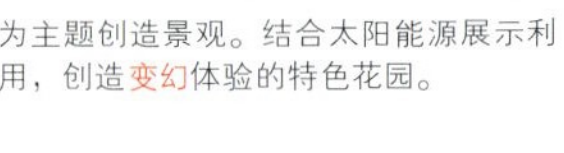

以休憩服务为活动主题，以“光”为主题创造景观。结合太阳能源展示利用，创造变幻体验的特色花园。

3号船坞：

以展示游览为活动主题以“材料”为主题创造景观，结合资源循环利用的展示，创造流动体验的特色花园。

2号船坞：

以游览观赏主题，以“工业文明”为主题创造景观。结合船坞的建造和船的 特色展示，最大限度宣传基地烙印的工业文化。

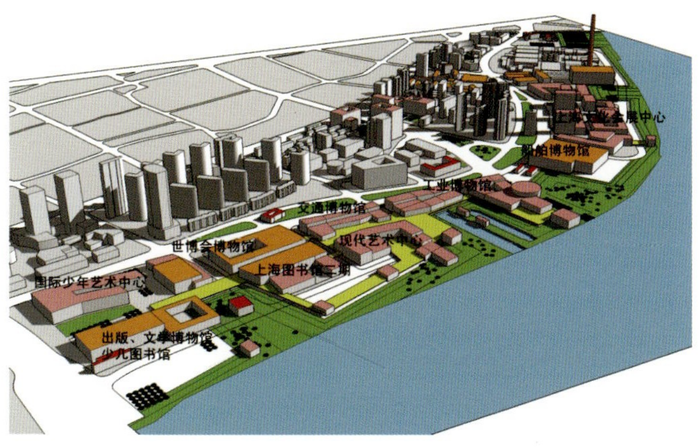

功能类型	功能项目	建筑面积（平方米）
博物、博览馆类项目	上海城市交通博物馆	25000
	上海现代艺术馆	40000-50000
	工业博物馆	80000-90000
	世博会博物馆	5000
	出版博物馆	4000-6000
	上海文学博物馆	5000
文化会展类项目	上海文化会展中心	40000-50000
图书馆、少儿图书馆和儿童艺术剧场	上海图书馆二期	60000-80000
	少儿图书馆	15000
	儿童艺术剧场和国际少年艺术中心	9000-10000
社会科学项目	社科会堂	12000

4 远期规划与近期实施

世博会浦西园区后续使用规划结合江南造船厂历史建筑、保留厂房、船坞等整体工业文化遗产的保护保留，以文化展示交流为核心功能，重点发展博物博览和文化展示创意功能，形成以博览文化为特征、市民互动为特点的市级公共中心区域，成为体现上海城市文化特色、国际知名的标志性城市公共文化集聚区域。

世博会办展期间该用地将是浦西片区的主要公共活动场地、服务场所及景观绿化场所。世博会后将是上海市区内精彩的大型历史教育、文化传播的舞台。临近卢浦大桥、2号 船台与1号船坞之间各规划有一处轮渡码头；现东区焊接工场（改造为主题馆）滨江处规划有VIP轮渡码头和舟桥停靠码头；现南市发电厂（改造为未来馆）滨江处规划有水门/轮渡码头；均需合理解决人流问题。

江南广场北侧部分，规划有标高为10m的高架平台，连接着浦西园区的主要出入口和大部分展馆、主题馆；用地范围北侧为浦西园区的主要干路龙华东路。

在基地范围内，江南广场区域由于受到保留船台船坞的影响，主要以垂直于滨江岸线的竖向通路为主，其余带状绿地区域则以平行于滨江岸线的水平向交通为主；因此需要在江南广场区域增设水平向交通通路，以保证整个基地的交通连贯性。基地有轨道8号线、13号线、西藏南路隧道从地下穿越。

5 从“制造”走向“创造”

这片土地经历一百多年的沧桑巨变，这里曾今是中国的“第一工厂”。从封建社会到世界强国，这片土地承载着太多的希望和梦想。昨天在世界强国的压迫下创办江南机器制造局，用“制造”支撑起中国图强的脊梁，今天在世界的瞩目下用“2010”世博的创造来演绎我们富足的翅膀。我们用身体贴近这片土地，感受它华丽的转身，用世博的舞台来演绎一百多年前创办这片场地之初国人的 “自强”和“求富”梦。设计从“中国制造”到“中国创造”演奏着这片土地神奇的变迁。设计方案提出了从“制造到创造”的设计概念，用此概念为线索叙事性地展开了这个曲折的故事。

5.1 制造：江南造船厂（江南制造局）是近现代中国制造业的先行；创造：2010世博会是当代中国创造国家新仪态的盛会

概念节选了基地中两个极具代表性的历史活动片断，用以概括基地的本质属性和特征。江南造船厂与上海世博会都是中国发展过程中重要的时间节点，分别反映了各自发展阶段的历史背景，代表了各自历史阶段的发展状况。

江南造船厂，前身为“江南制造局”，为中国近代军事工业的发展做出了重要贡献，被誉为“中国第一厂”，是制造了同时也是传播西方近代科技的重要平台。

2010世博会期间，世博公园、白莲泾公园、后滩公园展示对城市人居环境的关注；各场馆区展示社会活动发展的成果；而浦西滨江绿地规划不仅仅是景观设计，更是借世博会东道主之机，创造一个环境与社会活动相结合的舞台布景，是展示中国以及全世界的创造性活动的片区，表述持续发展态势的平台。

5.2 可持续发展的表征，关注基地变迁的动态过程

制造到创造，是一个发展的过程，是一个动态的过程；对于我们所面临的这样一个绿地规划用地，则转化为基地变迁的动态发展过程。我们仅仅是在思考这一过程中的一个片断场景；然而我们必须把它放置在大的社会背景下来考量——浦西滨江绿地规划必然遵循可持续发展的观点，不仅仅是历史文化风貌的延续，也是对场地的资源运用和材料选择等方面的可持续性思考，也应关注会后的持续利用问题，这与可持续发展这个全球发展的共同话题不谋而合。

可持续发展已被大家所熟知，在此我们不作过多的繁述；我们关注更多的是在这一前提下，如何对基地进行现阶段的阐述，也就是如何对待处理世博会期间的基地利用对策；如何才能继续延续发展基地的自有历史发展脉络；如何为世博会后的再次规划利用提供技术保障和可行性支持。

6　可持续发展语境下的“中国创造”

制造到创造，提出了物化、文化、技术三个方面的要求。这三个方面可以保障基地遵循持续发展的规律，保障风貌延续，保障历史文化延续，保障会后的规划再实施。

6.1　持续发展之物化创造

6.1.1　场地持续利用

整个基地属于江南造船厂厂区，也是原江南制造局用地。在上海的发展过程中，基地也随着历史的变迁扮演着不同的角色，呈现出持续发展的面貌。从荒芜人烟的河滩到小码头，再到近代工业的代表，以及今日的世博会，经历了若干次的转型利用。现在，也是世博会区域内惟一的会后仍将归还用于历史建筑保护的大型区域；现存有5个船台船坞，呈垂直于黄浦江方向，因此，整个场地被划分为若干长方形区域，场地特征鲜明。应保护场地的现状特征，并在原来的基础上加以改建利用，而不作过多的颠覆性改造，力求延续原有场地的特征与风貌。

6.1.2　构筑设施持续利用

在现状场地中，现存有大量构筑设施，如船坞船台、塔吊、轨道、船栓、码头、防汛墙、工作平台等。这些构筑设施代表了江南造船厂的基地活动特征，代表了典型的近代港口工业的特质。设计中把船坞船台作为重点，一方面修缮保护，恢复原有风貌，追溯历史，尤其是2号船坞，使其能够尽可能的被保护下来；另一方面进行改造利用，进行功能转换，满足世博会期间的功能需求。这样，既有利于基地工业文化的延续，有利于基地特征的保存，也有利于会后进行报会规划的实施。

6.1.3　自然资源持续利用

在基地内绿化极少，场地内铺设有大面积的混凝土地坪，并有大量钢平台、钢制设备，总体上以硬质为主，若彻底改变为一般意义上的城市绿色公园，将面临极大的工程量和工程难度。因此，我们以保留为主，临时改造为辅，因地制宜地把基地享有黄浦江丰富的水资源和水景以及现状的自然资源整合起来，塑造一个特色的适宜的滨水景观区。我们在设计中充分发挥水资源的优势，把船坞船台的特色极力发挥，同时也利用风、太阳、雾、植物以及各种材料，对整个基地的形态进行重新的解释，在保护原有历史风貌的前提下，创造新的人文景观、自然景观，为世博期间提供优质的公共活动空间。

6.2　持续发展之文化创造

6.2.1　工业文化遗产持续发展

基地承载了上海最具工业遗产价值的厂区原址——江南造船厂（江南制造局），整个区域内不但保存了具有140年历史的木桩船坞，也保留有若干建造于不同年代的构筑物建筑物，虽然并不是每个建筑都有光辉的意义和骄傲的历史，但是却见证了江南造船厂的成长过程，叙述着造船厂或平凡或伟大的故事，这远远比简单的竖起一块纪念碑更有意义，这是切切实实的体会和感受。应该通过多样的设计手法，把记忆保存下来，同时也创造了感受的空间，让人们与历史对话，与回忆交流。

6.2.2 港口文化持续发展

基地跨越现黄浦区与卢浦区的滨江交界地带，随着中国工业的快速发展，见证着上海港口城市的辉煌。充分挖掘滨水港口工业烙印的特色文化是设计中需要我们抓住且适度运用的关键点。世博会园区范围曾是上海港口工业十分活跃的区域之一，有众多原港口工业厂址，曾经塔吊林立，船只穿梭，机器声喧嚣一片。而今，为了迎接世博会的到来，各企业已相继搬迁，场地以新面貌迎接世界友人，然而，港口文化的特质仍将被深深地锁记在这片土地上。

6.2.3 地域文化持续发展

提起上海，不能不提起霞飞路、南京路、外滩和老城厢。她们几乎是上海的代名词，代表着上海典型的地域文化和城市气质。张爱玲的笔下诞生了一个个鲜活的人物，一言一行都透露着上海这座城市的气息和魅力。这就是这座美丽的、含蓄的、激情的、快速的上海！此次规划用地毗邻老城厢，受到老城厢发展的辐射带动，人文景观资源丰富。另一方面，基地拥有优良的滨水岸线、工业片区，一直是上海工业发展的先锋和领队。

6.2.4 生态理念持续发展

此次规划设计是世博会整体景观的浦西核心区域，世博会办展期间将是浦西片区的主要公共活动场地、服务场所及景观绿化场所，将承担大量人流的负荷。因此，如何创造一个生态、适宜人停留休憩的场所也是此次设计的重点。场地内绿化植被少，基本以硬质铺装为主，但是并不代表着无法应用生态理念。生态理念是多方面的，设计运用先进的生态技术，如太阳能利用、材料循环利用、风能采集、节能材料等发挥生态效能，实现可持续发展目的。

6.3 持续发展之技术创造

6.3.1 可持续能源

能源的可持续发展一直是备受关注的焦点之一。设计尝试采用一些可持续能源利用的示范，展示目前先进的能源循环利用、高效能源、洁净能源等领域的科技成果。如太阳能利用、风能采集、生物产能等，尽量将能源利用的新成果加以推广。基地中有船坞船台共5个，可作为展示的舞台，结合船坞船台的改建利用，把能源利用的新技术融合在一起，一举两得。

6.3.2 可持续材料

基地内现状的主要材料为混凝土、钢架等。为了满足世博会期间的功能需求，将对场地进行改造。一方面将原来的生产制造场地改造为人们可休憩、参观、活动的场所，另一方面采用新材料新技术对场地的现有状况进行改造，使之能够适应功能的转换，提供适宜的人为环境，体现人文关怀，诠释新的景观设计、场所设计。

6.3.3 实施技术

现状内的场地条件非常极端，地坪为几乎全部是浇注的混凝土地坪，不利于绿化种植，有利于临时性设施的安装。因此，针对场地的实际情况，设计根据不同的需求采用多种实施技术，如绿化种植技术，临时绿化技术，场地降温技术，临时地坪技术，轻质构筑物安装技术等。这些技术不会对场地有过多的破坏，并易于建设实施，可以满足会后保护规划的再实施。同时高效、经济地满足世博会期间使用的要求。

7 从激情“创造”走向理性“装配”

2007年12月在所有的一切均按照预定目标前进，设计已经通过扩初阶段进入施工图设计阶段，由于浦西整体规划定位的调整江南广场项目由原定的永久性项目更改为临时项目，项目的功能定位与投资额度均发生了巨大的变化，在一年多的设计工作之后组织者面对如此巨大的变化时迅速的针对主要问题展开了重大的调整，在面对时间资金等众多的压力和限制下，2008年5月“装配”公园的概念在延续原有概念的前提下浮出水面。

从一个集时尚科技和文化历史的主题公园成功地转型为了一个装配式的打造活力激情的世博期间的综合服务广场。装配，从建筑景观文化3个方面着手，延续原设计概念在部分原设计基础上调整建筑景观材料为装配形式，材料绿化先行准备得以和现场施工同时进行节省出大量的时间，考虑到临时性、世博期间维护和会后的重组，同时衔接活动项目需求、为后期的文化活动设施安装就绪场地基础设施。时间充裕和空间效果吻合，装配式公园概念得以平衡各方面需求。政策、场地和实施等不可预见因素的不断变化使得该项目的进程显得异常困难，路不确定却一直要坚定且更加负责任地向前走。

8 “年轻的世博”靓丽登台

如果说“装配式公园”的理念是在我们权衡远期发展的一个定位，那么“年轻的世博”这一主题活动方案得以让此项目再一次升华。

2009年5月由世博局活动部提出了广场活动理念“年轻世博”，在“装配式公园”的设计基础之上通过与活动的紧密结合，在有限场地植入特殊的文化活动。“育乐湾”、“船坞剧场”、“博览广场”、“水晶天空”这些活动点亮了这个项目，活动与场地共同设计打造出前所未有的“创造”。

“育乐湾”借鉴近年来世界新型少儿教育娱乐活动KIDZANIA，将活动置入3号船坞内，届时青少年将可以在这里做各类职场体验。“船坞剧场”利用1号船坞的特殊地貌，因地制宜，大胆创意，将其改建成世博园区内惟一的下沉式剧场，巧妙地利用船坞自身条件——船坞侧墙体作为大屏幕。视觉音效上场地条件将发挥极大的作用。“博览广场”作为浦西最大的演出广场，承载大型户外演出。“水晶天空”为上海世博会度身打造的原创景观装置表演，装置全部由施华洛世奇水晶制成，会间将成为浦西最闪耀的亮点。

EXPO

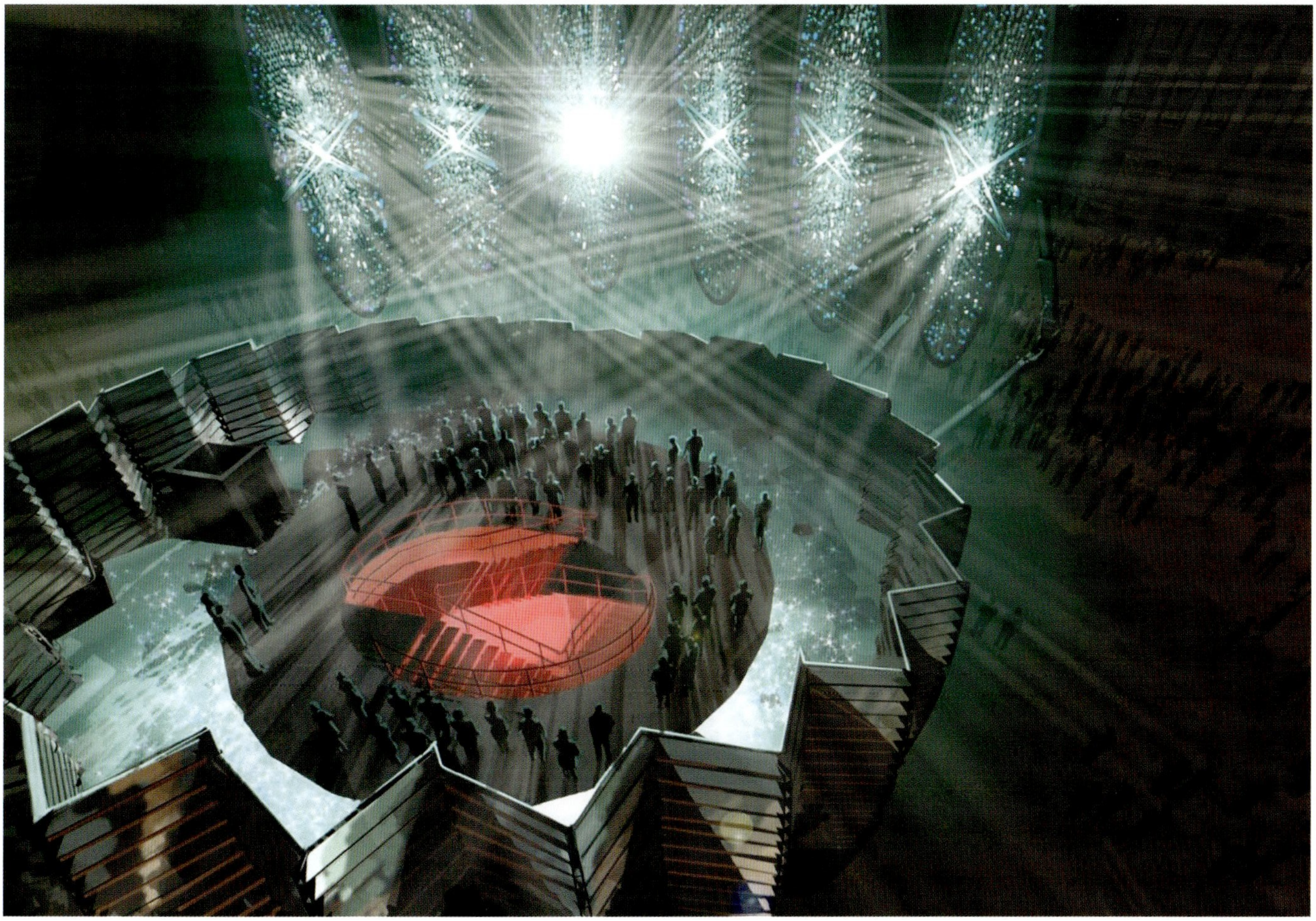

9 三大活动引领风尚

活动主要聚焦全球热点话题对可持续发展、信息化、金融危机、创新创意产业、青年创业、公益慈善等主流文化用活动的形式表现创意世博、快乐世博、和谐世博。在2005年爱知世博会13岁以下青少年占了参观人数的63%，成为世博会的主力人群，2008年萨拉戈萨世博会关注年轻群体，举办了为期93天的儿童研讨会，吸引20多万名儿童观众，要实现上海世博会成功、精彩、难忘，是离不开全球青少年的积极参与。此次活动策划主要除了通过举办活动达到分流人群、引导人流的作用外，还有“年轻的世博”节目形态，包含互动体验活动 、创意巡游活动、多元舞台表演、时尚广场活动。结合原有的固定场地设施设置固定的三大活动项目：

（1）育乐湾：利用广场内3号船坞下沉空间，顶部建构遮阳避雨设施在船坞内部设置青少年职业体验活动广场。活动设施模拟真实街区、办公场所，参与活动的青少年可以现场体验20余种职业。通过游戏式的体验，获取知识和技能，培养青少年对“职业的未来”和“未来的职业”的憧憬。

（2）水晶天空：设置于江南广场船台广场前部的艺术装置，可配合庆典活动或夜间户外闭园活动，增强视觉效果。造型似一艘停泊在黄埔江畔的邮轮，被六朵镶嵌着水晶的浮云围绕。水晶随时间和照明的变化而不断变幻外表。每朵云彩由起重机带动，伴随音乐、灯光舞动出优雅的水晶芭蕾。同时，配备一个小型活动空间。

（3）船坞剧场：借助巨型船坞底部空间，以船坞侧壁作为三维巨幕电影、多媒体互动技术、电子艺术、新兴装置艺术为依托，以上海世博会吉祥物海宝、上海世博会形象大使成龙、姚明、郎朗等为主角，通过“彩虹船”完成一次海洋、陆地、太空和过去、现在、未来的时空大穿梭。

4

世博园区临时场馆公共场地景观

一 总述

1 背景及概况

世博园区临时场馆公共场地景观项目范围主要是指3.28km^{2}围栏区内主要的展馆和活动区域，总用地面积为1640563m^2，涉及240个国家和国际组织展馆、18个企业展馆和关配套设施以及广场、绿地和高架步道下部空间。分为浦东和浦西两个片区，其中浦东片区总用地面积为1069335m^2，主要包括浦东11组团、B06餐饮中心、样板组团三个项目群；浦西片区总用地面积为571228m^2，主要包括DE地块。

世博会作为一种综合性的展览会，既要重视展示空间，又要关照室外的交流空间。达到馆内外活动的互动，将被动的室外空间转变为主动的室外空间，以活动、游览、兼顾、等候、参观为主导行为，结合充足的消费、餐饮、休息设施，营造主动的场地空间，最终营造一个快乐交流、体验互动、文化多元的世博公共空间。

2 属性及定位

世博园区临时场馆公共场地景观具有临时性的特征，设计遵循了勤俭办博的原则，因地制宜，节约资源，注重实用与环保，侧重临时性展会场地景观的实用性，它具有项目主体多、设施种类多、场地条件复杂三大属性。

2.1 项目主体多

由于世博园区临时场馆公共场地景观设计工作是一项多建设主体参与的工作，工作过程中需要对局内外相关部门和单位的需求专项进行布局设计、协调衔接和整合落实。设计过程中共涉及到10个相关需求单位（市卫生局、市气象局、市消防局、文广集团、中国移动、中国电信、交通银行、环境集团、可口可乐公司、伊利公司），80多个独立展馆的参展方以及众多设计单位。

2.2 设施种类多

景观设计中涉及到多种场地设施，其中共涉及到30个场地景观专项，如遮阳设施、座椅、饮水器、场地雾喷降温系统、照明灯具、废物箱、可移动树箱花箱、灭蚊灯、转播车位、医疗急救车位、演艺活动广场及配套、景观雕塑系统、气象设施、移动厕所位置预留、预约机、电话亭、信息亭、银亭、可口可乐室外售点、伊利室外售点、可口可乐活动冷藏库、吸烟点、视频监控系统、公共广播系统、信息发布系统、标志标识系统等。

2.3 场地条件复杂

项目场地与240个国家和国际组织展馆及相关配套设施构筑相衔接，面对丰富多彩的展馆及附属景观设计，以及面对场地资源紧张，人流密度高，高温台风等恶劣天气等问题。

2.4 项目定位

世博园区临时场馆公共场地景观项目区别于一般的景观设计项目，它是以参展国家及参展企业为主体，在项目主体多、设施种类多、场地条件复杂的条件下进行的特殊项目。多样的场地设施给景观设计带来较大的难度，如何协调好如此多的设施并落实到景观场地中并营造这种特殊的场地景观空间是此次景观设计的重要挑战。它必须突出景观设计的功能性，强调全园风格与设施的统一，通过多种实施手段控制造价，以达到勤俭办博的目的，同时还需要兼顾环境景观的艺术效果。

3 设计原则

3.1 特殊定位

世博园区临时场馆公共场地景观项目因其临时性的特征，要求突出景观设计的功能性，强调整体风格的统一，通过多种实施手段控制造价，以达到勤俭办博的目的，在此基础上兼顾景观的艺术效果。

3.2 科学分析

从满足参观者需求出发，通过对场地内人流的测算，日照分析，阴影模拟、风速测算等多种科学手段，科学、合理地对服务水平指标进行了量化的分析研究，最终得出了各主要景观专项的服务半径、布点位置、设备技术要求，在设计中做到了科学、精确、有据可依。

3.3 人性理念

坚持“以人为本”，从人的需求和生理特征出发，对遮阳、座椅雾喷、饮水等对人的舒适度产生直接影响的景观专项做了深入科学的研究与设计。

3.4 弹性设计

针对会期的特别情况，如极端高峰人流、恶劣天气、临时室外活动等，设计中将大部分的遮阳、座椅等服务设施设计为可移动式，为展馆预留排队等候空间，为世博会后期运营期间的临时场地调整提供了可能。

二　浦东片区临时场馆公共场地景观

1　背景及概况

浦东片区临时场馆公共场地景观项目基地位于园区3.28km²内，是除一轴四馆、公园、出入口广场、后滩广场之外的会期主要活动区域，包括浦东11组团、B06餐饮中心、样板组团3个项目，景观场地用地面积为586709m²，涉及240个国家和国际组织展馆及相关配套设施以及广场、绿地和高架步道下部空间。

浦东11组团总用地面积为844254m²，其中建筑面积为354144m²，景观场地面积506188m²，样板组团总用地面积为88280m²，建筑面积为42017m²，景观场地面积53261m²，这两个地块被240个国家的三类展馆和各类配套设施建筑围合，共计43个自建馆、44个租赁馆和11个联合馆。

B06餐饮中心项目用地面积为47801m²，总建筑面积为26950m²，景观场地面积27260m²，建筑多为餐厅，配以援购设施建筑。

2　“街区”空间的营建

通过场地设计，展馆建筑围合形成具有传统“街区”生活的广场与街道，与城市融合生长，会后尽管大多展馆建筑拆除，但空间肌理将被保留下来，重构未来街区生活。7000万的高密度人流，其中2/3是由外部公共空间承担。

世博会作为一种综合性的展览会，无法摆脱办展期间作为展览场地的特征，但在需要重视展示空间的同时也要关照室外的交流空间，达到馆内外活动的互动，将被动的室外空间转变为主动的室外空间，以活动、游览、兼顾、等候、参观为主导行为，结合充足的消费、餐饮、休息设施，营造主动的场地空间，最终营造一个快乐交流、体验互动、文化多元的世博公共空间。通过景观场地设计形成具有传统“街区”生活特色的广场与街道，从而达到与城市融合生长的目的。

3 曲与直

在绿地体系设计中将“水墨·自然”所产生的“曲”——路之曲、水之曲、铺装纹理之曲渗透、溶解到各个其他功能的绿地中去，以达到整个绿地形式的统一。在曲中引入了“直”的“植物通廊”，并与北面的世博公园相呼应。在形式上通过植物软化，直之阳、曲之阴的巧妙揉合来体现中国“阴阳调和”的哲学思想。在功能上“植物通廊”既保证风道和视线的通透又能迅速疏散人群，生长出带有自身特色的绿地景观。在空间塑造上汲取了中国传统园林手法，营造的空间富于变化，以小见大。在整体格局上绿地体系的“曲线·自然·柔性美”与广场体系的“方正·秩序·刚性美”两者的对立统一从而达到和谐。

4 遮阳设施

通过进行阴影科学分析与道路交通流线分析，明确了利用现有高架步道遮荫和建筑遮荫的自然遮荫，形成以场地东西向遮荫为主、南北遮荫向为辅的遮荫格局，结合休息区等主要区域以“成片”的形式为主、线性形式为辅进行遮阳设施设置。

场地遮荫率为13.8%～36.6%，平均28.3%，遮阳面积为158167m²，略高于《2010年上海世博会公共空间及建筑设计指南》中规定的展会广场遮荫率15%，综合广场遮荫率20%的规定，能够满足展会期间正常天气条件下的需求。

遮阳设施分为三类:固定遮阳、可拆卸遮阳、可移动遮阳，其中固定遮阳主要包括固定遮阳伞遮阳、绿化遮阳及高架步道遮阳，固定遮阳伞主要设置在人流停留的固定休息区域，结合固定遮阳伞设置固定雾喷、固定或移动座椅、室外直饮水点。可拆卸遮阳主要在人行通道周边进行设置，同时结合可拆卸遮阳设置移动雾喷和移动座椅。可移动遮阳主要是根据参展者的意愿及展馆精彩度在租赁馆排队等候区前进行预留区域，以便于在运营期间灵活布置。

针对极端高温天气或极端高峰人流，要求相关运营管理部门作出临时避暑预案，如临时搭设遮阳设施、缩减活动规模、利用广场活动区域临时搭棚及开放餐厅避暑。

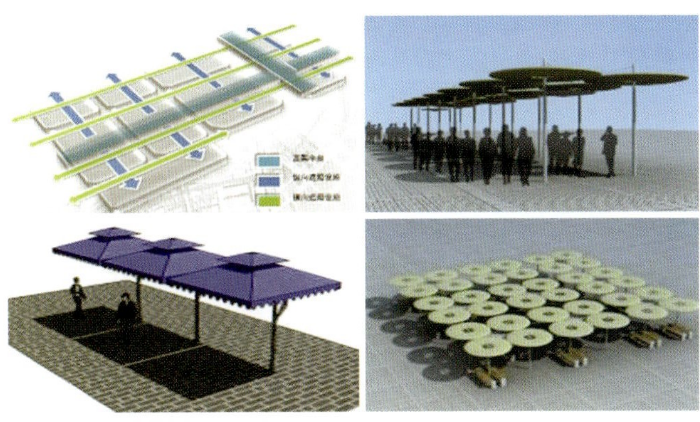

地块		遮荫面积（m²）	遮荫率	固定临时比例
浦东	11组团	136514	27.0%	1：2.33
	B06餐饮中心	6653	20.5%	1：1.45
	样板组团	15000	28%	1：0.48

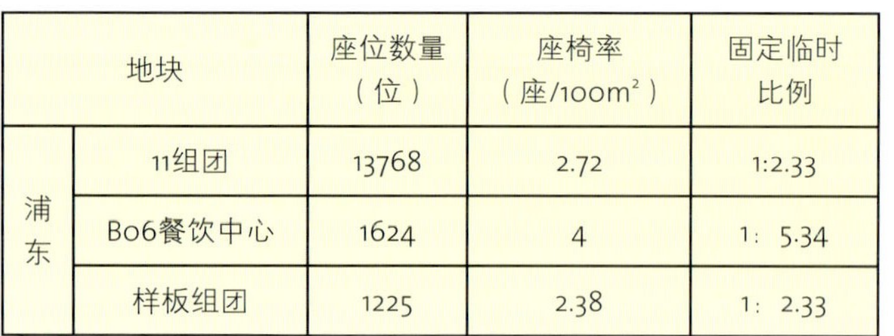

地块		座位数量（位）	座椅率（座/100m²）	固定临时比例
浦东	11组团	13768	2.72	1:2.33
	B06餐饮中心	1624	4	1：5.34
	样板组团	1225	2.38	1：2.33

5 座椅设施

根据2007年06月《2010年上海世博会公共空间及建筑设计指南》对于坐凳率的规定（展会广场座椅率为2座/100m²，综合性广场座椅率为2.5座/100m²），在满足交通功能的前提下，对园区内座椅进行设计并对服务水平进行粗略的测算，在一般高峰日下，世博会参观游客数量约60万人，浦东临时场馆区设计座椅数约 1.6167万，座椅率为 2.73座/100m²。

座椅设施分为两类：固定座椅、临时座椅，以便于根据周边建筑及场地条件灵活布置。固定座椅结合固定遮阳设施、绿地、高架步道等有遮阳的区域进行设置，临时座椅结合临时遮阳、展馆阴影区进行设置，便于后期运营的调配。而在比较特殊的区域，如江南广场，座椅主要设置于人流比较集中的活动区域。座椅在进行布置时可与花箱组合，通过双面坐人的方式提高利用率，座椅材料避免选择在高温条件下温度较高的金属材质，以提高座椅的使用效率，提高服务水平。

另外在极端高峰日，可通过3种方式在后期运营管理中进一步增加座位数，提高服务水平：

（1）在非餐饮高峰时间段可让人进入餐厅就座。

（2）极端高温天气临时结合会期临时增设的应急遮阳避暑设施增加临时座椅。

（3）在广场绿地中增加临时座椅或席地而坐。

6 雾喷设施

根据相关研究实验表明，相对于阳光下的直接雾喷，遮阳设施下的雾喷不仅降温效果较好，而且人体舒适度较高，考虑到经济性和临时性特征，设计结合场地情况，人流相对较为集中的休憩区域结合固定遮阳设施进行设置，同时利用高架一层遮阳空间也设置了雾喷设施，其中浦东雾喷区域达到约17388m²。

在极端高温天气下，考虑到人流和天气情况的变化性，如果需要，建议在人流行走空间可以由后期运营部门考虑增加移动喷雾设施。

地块		面积（m²）	比例
浦东	11组团	15160	3.0%
	B06餐饮中心	1188	4.35%
	样板组团	1040	1.87%

7 室外直饮水设施

以一般高峰日下60万人的游客量为前提，预计园区的饮水服务水平为每人每天1.5L，主要由可口可乐饮料和直饮水提供。其中可口可乐饮料按照0.75L/人（即1.5瓶/人）来考虑，则直饮水需要提供0.75L/人。

临时场馆内按照服务半径为100m左右进行饮水器布点，共设置42处饮水点。每处饮水点安装18个水龙头，其中16个为可直接饮用的喝水龙头，2个为出水量较大的接水龙头。饮用水水质标准不低于国家《饮用净水水质标准》（CJ94-1999）。

考虑到国内游客对饮用免费直饮水可能需要习惯过程，对每处饮水点的龙头一次规划，分步安装。管道和设备按照18个水龙头的出水量进行敷设，先安装10个喝水龙头和2个接水龙头。视会期需要，再安装另外6个喝水龙头，确保游客需求。

地块		饮水点处
浦东	11组团	35
	样板组团	4
	B06	3

雕塑——天盒，作者：孟建民

三 浦西片区场馆公共场地景观

1 背景及概况

世博会浦西片区场馆公共场地景观位于世博会园区浦西段，南浦大桥和卢浦大桥之间，原江南造船厂及南市水厂范围内。北起龙华东路、南临黄浦江、东起望达路、西至鲁班路。本项目共涉及世博会浦西片区中的D09东、D10北、D11北、D12、E05西等5个地块。其中有包括企业联合馆、浦西管理中心、机装管子工场改造等旧厂房改建项目及新建配套设施用房（含各类餐饮、购物、援助和功能设施及设备配套用房）等单体建筑，总用地面积187091m²，总建筑面积为49196m²。DE地块主要为中国2010上海世博会企业馆区，是世界企业文化的聚集地，先进现代文化的聚集地，是世博会中演绎“城市”发展活力的巨大平台。

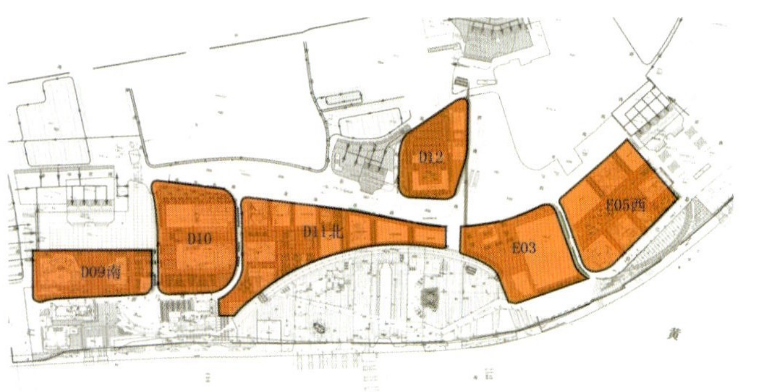

经济技术指标

浦西片区场馆公共场地景观		面积（m²）	
总用地		187091	
其中	建筑占地	64167	
	广场	122924	
	绿化（覆盖面积）	16300	
保留	D09-D飞机库	1632	
改造	D10-A企业联合馆	14244	44537
	D11-A浦西管理中心	11923	
	D11-B机装管子工场	16890	
	D12-B黄楼	1480	
新建临时	D11-CD配套设施	3778	11739
	D11-E配套设施	1050	
	D12-C配套设施	1748	
	D12-D配套设施	3379	
	E05-A配套设施	1784	
企业自建馆		79800	
总计		137708	
建筑密度		34.30%	
容积率		0.58	
绿化覆盖率		8.71%	

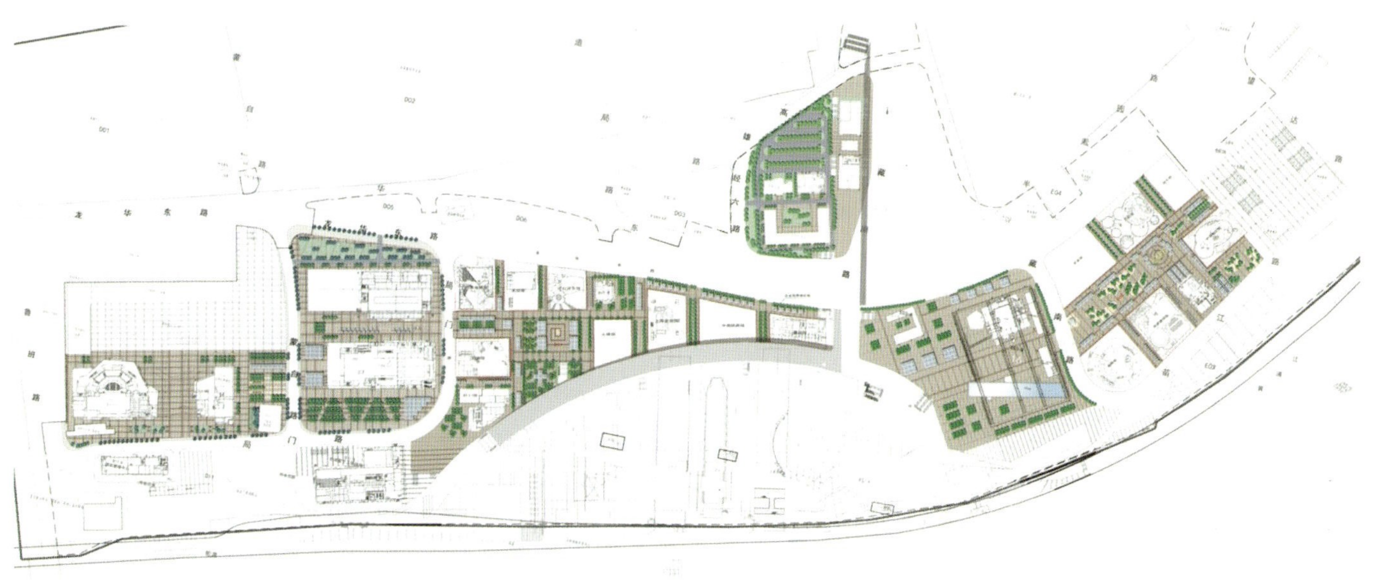

2 功能空间与景观空间的整合

浦西片区场馆公共场地景观是对该区域公共空间的一次整合性设计工作，是将世博会单体项目实际落成的重要设计工作。主要建筑条件为企业自建馆群、企业联合馆、浦西管理中心、机装管子工程改造的服务中心。

设计原则主要面临的问题是广场空间与交通空间所需要承载的巨大人流压力以及企业自建馆风格各异，整体空间面对极大的不可预见性造成公共空间整体无序。针对以上设计背景，场地景观设计从场地功能、场地形象、绿化空间、夜景效果、街具标识、生态措施等各个方面着手，以“能源动力聚合世界活力”为主题，遵循三大设计原则。一、人景互动的专业性场地设计原则——根据展会场地活动需求，打造具有针对性的景观空间；二、统一化风格化的整体视景设计原则——创造世博会大舞台中令人印象深刻的精彩区域；三、企业文化为主题的创意设计原则——营造深入人心，雅俗共赏的人文环境氛围。设计出安全、实用、美观、富有创意的企业馆区公共空间，整合落实各个建筑场馆公共空间关系及各类专项设计研究成果。

2.1 观演性场地

区域中心景观，聚集人气、活力，吸引人流进入企业馆区，区域空间凝聚力的所在

基本以铺地硬质广场为主，在铺装中创造特色，用圆形铺地划分区域的同时增加空间的聚合性，不设障碍物，方便各种活动的可能，周边适当设置可移动的休憩、景观设施，空间灵活多变。

2.2　展会性场地

主要为各个展馆的出入口空间及馆间场地。运用现代、简洁的手法整合馆间公共空间，分为三种类型。排队等候性场地：用色彩或铺装材料形式不同，划分出等候区域。预排队等候缓冲场地：排队等候区周边，铺装及色彩上与等候区相统一，适当设置树阵及遮阳设施供短时间休憩。通过性场地：增加直线形，带状的铺地，增强引导性，引导人流快速通过，引导消防、货运等临时出入车辆的通行方式 。游憩性场地、综合服务性场地，主要位于各个服务建筑周边。用现代、简洁的设计手法，与整体空间风格统一，布置一定密度的绿化及遮阳设施，设置相对较密集的休憩场所。背景性场地：保证足够的物流消防硬地的前提下，以绿化为主，增加世博会展区的整体围合性。

绿化面积、植物配置符合园区规划的有关要求；绿化设计上尽可能多的利用场地上现有的绿化，临时绿化要突出其效果一次到位、后续移植简便的特质。广场上的绿化要保证正常情况下人群的顺畅流动以及紧急情况下人群的迅速疏散的同时，创造尽可能多的庭荫空间，并结合设置座椅等小品设施。绿化方式上采用包括移动绿化、垂直绿化和屋顶绿化等在内的全方位绿化，来创造适宜的微气候。

考虑到世博会期间上海的气候特点，总体上考虑20%的活动遮阳面积，采用可开闭轻质遮阳设施，结合移动绿化的遮阴面积，使场地上总体遮阳率超过30%，在一定程度上改善了参观者的感受。

中國移动通信
CHINA MOBILE
中国电信
CHINA TELECOM

专项配套设施总体布设表

序号	设施类型	布置原则与要求	地块内位置及数量			
			D06	D07	D09	D10
1	废物箱	安检入口、场馆入口、排队等候区域、休息区域、企业场馆场地内街等人流量大或人流交汇的区域废物箱设置间隔为30～50m				
2	直饮水点	服务半径为200m：每组设3个不同标高的饮水龙头及水槽			综艺大厅建筑内东侧（建筑内）；鲁班路入口广场东侧（拟建）	文化馆北侧（贴建筑外墙）；企业联合馆西南角（贴建筑外墙）
3	移动厕所	结合设计有公共厕所的配套设施进行布置，每组占地约100m^2		D007地块西侧	D09-F世博会博物馆东侧	
4	信息亭	在各配套综合设施、交通站点及管理中心旁			D09-F世博会博物馆北侧（等候广场旁）	
5	银亭	与配套设施相结合设置				
6	电话亭	蒙自路东侧、龙华东路南侧、半淞园路望达路旁				蒙自路东侧
7	售卖点	浦西地块共设可乐售卖点10处，伊利售卖点4处，本次布局考虑于室外场地内共设9m^{2}可乐售点3处，建议在UBPA地块设9m^{2}可乐售点2处，4.5m^{2}伊利售点1处			蒙自路西侧，可乐与伊利各1处	文明馆南侧，可乐与伊利各1处
8	透明演播室	占地面积：100m^2				
9	电视转播车停车位	占地面积：10m×30m				
10	参观预约终端机	文明馆、3号船坞馆外设单馆预约机；D09，D11，D12，E03，E05地块设置综合预约机			综艺大厅主入口附近	文明馆主入口（单）
11	演出舞台	组级广场D09：室外场地，综艺大厅东北侧			综艺大厅东北侧1处	
		组级广场D11：室外场地，高架步道以北，企业馆中间				
		企业馆广场E05：室外场地，企业馆展区东侧				
12	垃圾收集处理点	已设置			D06地块东侧	
13	标识系统	根据4.10动员会精神，由日本GK公司进行总体设计				
14	室外吸烟区	临近厕所设置，面积约10m^2			移动公厕旁	
15	旗幡	建议与灯庭院柱结合设置				
16	防灾设施					
17	其他					

						合计	备注
	D11	江南广场	D12	E03	E05		
						约200	世博园区全面覆盖
	世博管理中心（贴建筑外墙）； 机装管子工厂改造（贴建筑外墙）； 能源中心（贴建筑外墙）； D11-E配套设施（贴建筑外墙）	D11-B D11-F	D-12D配套设施（贴建筑外墙）	厨房西侧	企业馆广场内；E05-A配套设施（贴建筑外墙）	14	世博园区全面覆盖
		D11-B D11-F			E05-A配套设施东侧	5组	
	D-11E配套设施南侧	D11-A浦西管理中心北侧；D11-F配套服务设施东侧；D11-G配套设施东侧	D-12C建筑北侧	E03-B建筑西侧	E05-A配套设施建筑北侧	14	
	D11-G配套设施旁				E05-A配套设施旁	2	
	龙华东路南侧			半淞园路望达路旁	E05-A配套设施西侧	4	
	石油馆东侧， 中心演出广场南侧 可乐与伊利各1处	广场内可乐与伊利各2处售卖点	D12-D建筑北侧可乐1处	企业馆西侧广场，可乐伊利各1处	通用馆北侧，入口综合服务广场内可乐与伊利各2处	11	世博园区全面覆盖
		D11-F配套设施屋顶				1个	
		高架步道下口西侧				1个	
	D11-F，D11-G配套设施旁	3号船坞（单）	黄楼	江南造船厂博物馆西侧	E05-A配套设施北侧	48（综合） 12（单）	
	高架步道以北， 企业馆中间1处	1号船坞、3号船坞、船台广场、博览广场共4处			企业馆展区东侧，出口广场1处	7	
						1	
						0	
	D11-E配套设施旁	D11-F、D11-G配套设施旁		厨房西侧	E05-A，B配套设施旁	7	

5

世博园区道路广场景观

一　道路景观

1 园区道路概况

道路分为世博会规划区道路及园区内道路两类，其中规划区道路系统分快速路、主干路、次干路、支路四级，快速路道路红线控制宽度50～80m，主干路道路红线控制宽度50～80m，次干路道路红线控制宽度24～65m，支路道路红线控制宽度16～24m，规划城市道路总长约45km²，城市道路网密度6.9km/km²，规划城市道路面积1.31km²，规划城市道路面积率约19.6%。

园区内道路系统分次干路、支路二级，次干路道路红线控制宽度32～45m，支道路红线控制宽度16～24m，规划城市道路总长约19km，城市道路网密度5.9公里/km²，规划城市道路面积约0.51km²，规划城市道路面积率约15.9%。

浦东道路景观重点围绕一轴四馆展开，重点突出世博滨江公园大道（世博大道）、场馆周边景观道路、世博轴之路的景观。

浦西以世博绿带大道（龙华东路）为重点景观道路。

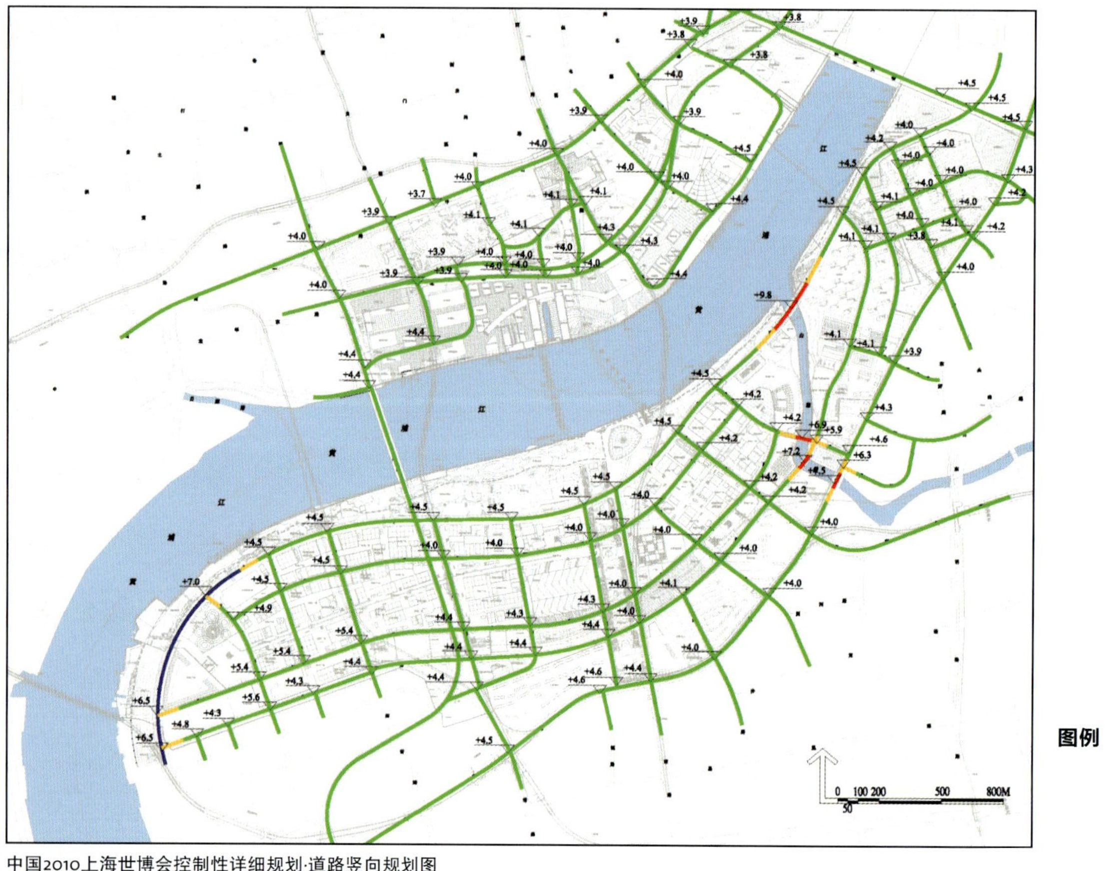

中国2010上海世博会控制性详细规划·道路竖向规划图

2 绿化设计原则：

2.1 整体性原则

道路景观与周边环境相协调，并且与本市行道树总体规划相统一但不乏鲜明的个性。

2.2 生态性原则

以落叶树为主，优先考虑植物5～10月的景观效果；注重世博会前中后三阶段的景观过渡及可持续利用，并体现城市"正生态"概念。尽可能利用和保护现状成熟苗木，并突出重点道路管线避让绿化的原则

2.3 文化性原则

传承历史文脉，整合植物资源，文化特色与道路景观有机结合，突破常规种植形式，采用活泼有序的配置方式。

2.4 功能性原则

通过道路绿化形式，突出道路遮荫、美化环境、净化环境、并且考虑人流疏散、识别导向等世博特色功能。

园区行道树汇总表

道路名称		长度（m）	行道树	数量（棵）
浦西	龙华东路	2695	悬铃木	820
			香樟、挪威槭、日本早樱、白玉兰等	11624
	局门路	748	枫香	249
	蒙自路	250	黄樟	83
	制造局路	57	黄樟	19
	经六路	199	臭椿	180
	苗江路	482	杂交马褂木	160
	保屯路	544	合欢	186
	南车站路	203	臭椿	67
	花园港路	339	臭椿	113
	小计	5517		13501
浦东	世博大道	5647	栾树	1880
	园三路	884	实生银杏	294
	北环路	2811	重阳木	937
	南环	3501	榉树	1167
	雪野路	4838	朴树	1612
	园二路	1025	合欢	341
	上南路	933	实生银杏	311
	云台路	428	杂交马褂木	142
			特大银杏	10
	沂林路	720	无患子	240
	华丰路	216	悬铃木	72
	世博村路	914	乌桕	304
	沂南路	155	乐昌含笑	51
	小结	21188		7067
合计		26705		20568

3 世博大道

上木选用黄山栾树高大挺拔、分枝点高、抗风耐湿、9～10月开花。突出滨水道路空间的整体性和世博期间的观赏性。下木在会间以耐践踏地被为主，会后可根据需要种植花灌木。此道路景观与滨江三大公园交相辉映，形成三大主题，即后滩公园路段、世博公园路段、白莲泾路段。

3.1 呼应生态湿地的后滩公园路段

绿化带——世博期间以耐践踏地被为主，确保人流安全；世博会后根据需要重植灌木；路口绿带节点——以芒草等组成自然花境，呼应后滩公园生态湿地景观。

3.2 扇骨、滩痕的世博公园段

上木种植方式沿袭扇骨的骨架，结合世博中心和演艺中心两大场馆设计。树种廊道间种植开花小乔木，大桂花、樱花和紫薇；桂花在世博期间开花香气四溢，和世博公园种植形成呼应；樱花的观花和色叶效果较好，紫薇在世博期间花期较长；铺装在普通段方案的基础上，通过色彩变化丰富铺装形式；同时沿袭世博公园“扇的骨架”的理念，使道路与公园成为统一整体。

3.3 工业、浪漫的白莲泾公园段

上木结合公园内树群种植形式，采用不等间距的种植形式，间隔种植开花小乔木，与世博公园段既有衔接又有不同，花灌木——呈规则式布置。

铺装：世博公园段铺装在普通段方案的基础上，通过色彩变化丰富铺装形式；同时沿袭世博公园“扇的骨架”的理念，使道路与公园成为统一整体。普通段的铺装结合滨水公园特色，突出人工和自然两种风格的变化。

4 世博轴之路

上木借用世博轴绿坡用地，形成两排高大乔木树阵，强化空间导向性和气势感。世博轴两侧：选用高大、树形整齐的，以胸径大于30cm的实生银杏为主，烘托世博轴恢宏的气势，代表中国植物特色。道路外侧：嫁接银杏，大香樟，突出常绿落叶搭配。铺装：强化横向联系与序列感：结合世博轴地面层的交通布局特色，强化人行道铺装的序列性及与世博轴空间的联系性。

5 场馆之路——中国馆之路

上木利用中国馆前的绿地，加植白皮松作为点缀树种，增强绿化气势。其墨绿的树叶，更加衬托出暗红色的中国馆的形象。利用中国馆门前广场，种植胸径超过45cm的超大规格银杏，和建筑大空间形成呼应。

6 场馆之路——云台路（南环路～北环路）

上木选用杂交马褂木作为行道树种，5月上旬开花，有“木本郁金香”美誉，在世博开园期间景观效果突出。树形挺拔，中国特有，与东侧世博轴的银杏形成交相辉映的效果。

北环路（上南路～云台路）：上木选用香樟作为行道树种，树形挺拔，上海乡土树种。

南环路（上南路～云台路）：上木选用榉树作为行道树种，树形挺拔，上海乡土树种。

中国馆之路铺装：体现中国馆肌理的横向延展，利用道路斜线布局特色，结合树穴设计，形成平行四边形铺装单元，强化空间导向性，选用具中国特色的材质。

7 场馆之路——主题馆之路（园二路、南环路、北环路）

上木选用中国本土和上海乡土树种围绕在世博主题馆边，象征中国崛起的意味，并且体现海纳百川的世博文化交流主题。广玉兰是近代引进中国的外来树种，已成为上海本地成熟品种，花期5-6月，在世博开园其间效果极佳。主题馆周围道路绿化体现常绿和落叶和谐搭配，色叶效果五彩缤纷，反映城市让生活更美好的世博主题。

8 场馆之路——浦西龙华东路

以自然式、组团化种植群落和中心式植物造景为主要形式，突出和谐生境和生态城市概念,行道树以悬铃木为主。江南造船厂在新建初期，以李鸿章为首洋务派亲手载下该地区第一批悬铃木，掀开中国近代民族工业的序幕。所以在龙华东路延续老树种是世博园区建设对地域精神尊重和缅怀的体现。重要路口处的道路绿带两端，设置立体化坛或景观 雕塑突出世博园区入口形象。龙华路的铺装整体简洁，弱化铺装，局部采用变化的钢板造型。运用锈迹斑斑的钢板，在质感丰满的弹石铺装中局部展 现老上海的工业文化。

9 乔木地下支撑施工工法

在城市绿化施工中，越来越多的大规格乔木被应用。新栽植的乔木根系尚未扎入新环境土层，为了保持姿态，使之不倒伏或歪斜，并提高成活率和尽快恢复树木生长势，需要对新种乔木进行支撑固定。世博园区道路行道树推出了国内首创的地下支撑体系，同时也在应用当中形成了大规格乔木地下支撑的施工方法。

9.1 工法特点

（1） 利用地下支撑，可释放地上用于支撑的空间，对交通、行人安全有积极的影响。

（2）实际应用中的可操作性强，易于推广。

（3）林下视野通畅，美化景观，尤其适用于景观要求较高的项目。

可伸缩支架是考虑到复杂的施工现场条件而设置的，如周边有管线需避让，可将固定脚伸出的长度缩短。（无伸缩支架只能以预埋方式入地，造成土层松软、效果不佳）。在树穴挖好后将支架的“脚”用铁锤打入侧向土壤中，四个方向均击入土层后即达牢固。

考虑到土球易碎，故在绑带的选择上应选用有一定的宽度的尼龙，可分布压力增大压强，此外使用塑料网包住土球，也达到防止土球碎裂的作用。

二　高架平台

1 背景及概况

世博会园区高架人行平台系统分为永久性和临时性两大类。世博轴（详见第六章节）和浦西利用黄浦江防汛墙一体化设计的高架人行平台为永久性建筑，其余高架人行平台均为临时性建筑，会后拆除、改建或改为其他用途。高架人行平台功能包括：人流交通集散功能、配套设施功能、遮荫避雨功能、游憩休闲功能、景观功能。在上述功能需求中，人流交通集散功能是高架人行平台的主要功能，其他功能是高架人行平台的次要功能。在高架人行平台的设计中，应首先保证其主要功能，即人流交通集散功能，同时兼顾其他功能需求，使得世博会园区高架人行平台成为舒适、安全、快捷的步行空间，同时串连各大展馆，成为园区内一道亮丽的风景线。

上图：浦西高架人行平台总体布置图
下图：浦东高架人行平台总体布置图

名称		位置	面积/长度
浦东	东西向主轴	浦明路北出入口至浦明路南出入口之间	2587m
	西次轴	长清路出入口至滨江绿地特钢大舞台之间	619m
	中次轴	餐饮娱乐中心至主题馆之间	86m
	园一路西侧	C05地块	187m
	跨越长清路	B02地块	60m
浦西	浦西世博轴	北起D04地块内高雄路以北60m，南在D12、D08地块东侧走行，沿线在经过VIP接待中心后，跨越西藏南路隧道暗埋段及工作用房；在D11地块内与弧形高架平台以10.0m 标高衔接，最后终止于西藏南路隧道工作井以南5m。	1.60万m^2
	弧形高架平台	西起D11地块西侧的4号企业馆，以半径547.7m的圆曲线向东走行，东侧与船舶企业馆衔接（衔接段宽度32m），并在中部穿越该馆，之后在跨越苗江路及轨道交通8号线后终止于E05地块内13号企业馆西侧40m。	2.57万m^2

2 人车分流与立体交通

世博会园区高架人行平台的人行交通，原则上遵循靠右侧行走和逆时针调头的通行行走习惯，但并不严格限制人流的流向和流线，为游客提供便捷、宽松的步行环境。

高架人行平台采用简洁、明快、轻盈的结构形式，同时结合景墙、藤架、各种绿化等多种景观元素，营造出灵活的步行流线、丰富的空间效果和错落有致的行进空间，形成园区一道亮丽的带状空间景观。

3 浦东片区高架平台

东西向主轴设置电动车道的部分，两条电动车道集中设置于高架人行平台中部，人行通道双向等宽设置于电动车道两侧。电动车道设置于集中高架人行平台中部，一方面尽量减少人行交通和电动车交通之间的相互干扰；另一方面从一定程度上起到分隔两个方向人流的作用，使游人相对集中的东西向主轴上的人流更具有方向性，从而提高通行能力和通行速度；另外，人行通道设置在外侧，也利于游人边行进，边观景。

东西向主轴不设置电动车道的部分、南北向次轴和两条支线横断面全部通行净宽均为人行通道。在东西向主轴上横断面宽度有一定富余的部分，设置集中的休息区和采光开孔。休息区和采光开空设置于电动车道两侧，一方面尽量减少对于靠右侧行走的人行交通的影响，另一方面也能在一定程度上起到分隔电动车交通和人行交通的作用。在东西向主轴与沿线展馆的间距较大的区域，设置部分集中休息观景的区域。

4 浦西片区高架平台

世博轴（南北向主轴）根据功能分区与客流组织设计，分为“西藏南路入口衔接段”、“客流通过段”、“弧形高架平台客流转换区”。“西藏南路入口衔接段”为西藏南路入口与世博轴形成衔接的区域，该段主要是游客在票检后前往园区内部的转换区域。“客流通过段”为乘客经过安检后快速进入园区的区域。“弧形高架平台客流转换区”为世博轴南端游客可以进行选择方向进入园区内部的区域，本区域可实现游客的多次分流，游客可以选择下到地面沿地面道路的人行道进入各个场馆，也可以由高架人行平台直接连接各个场馆，还可以一直往前进入江南广场游览。本区域客流流线比较复杂，游客会选择适当停留以选择方向。

弧形高架平台：该区域主要承担东西向人行交通，同时由于防汛墙利用现状防汛设施设置，标高6.7m，对园区内的浦江观景有一定遮挡，因此弧形高架平台需提供一定的浦江观景功能；其功能区可划分为两块：北侧通行平台服务于通行人流；南部观景平台服务于浦江观景。

三　庆典广场、五大洲广场

1 庆典广场

1.1 滨江的核心广场

庆典广场工程位于浦东世博轴北端，北临黄浦江，东侧为演艺中心，西侧为世博公园，用地面积约为20986m²，南北向长约120m，东西向长约130m。功能定位要求其能够同时满足世博会期间大型庆典活动、接待活动和户外观演等功能的需求。将成为联接世博轴、演艺中心、世博公园等重大世博项目的焦点空间和景观节点，在更大范围的浦江滨水空间体系中也将成为开放空间的亮点及纽带，成为能为人们提供聚会、观景、休息、锻炼的日常生活场地和公共活动场所的多层次多功能综合开放空间。

1.2 设计原则

首先，它应该是容易到达的。设计了一处完全平整的、与周边建筑标高齐平的方形广场，平整而舒适，形成一处眺望黄浦江及黄浦江对岸世博园区的平台，同时它又缓缓地倾向世博公园，公园茂密的绿化形成了对广场的围合。

其次，有足够的遮荫率，供人们休憩。布置了两岸间的一处呼吸空间，主要是两组绿肺，它们分布在水镜两侧，沿广场纵轴对称。

再之，它还是亲和的。为了减少夏季烈日下铺地产生眩眼的反光，采用了生态色系的深色和浅色相间的石材铺地，水平简洁的条形拼法，与周边的建筑形成相互间的协调。

同时，它是壮观的有特色的。在广场中间设计了一个富有特色的水镜，它可以倒影建筑、绿化和天空，还可喷出迷茫的水雾，当举行大型表演时，薄薄的水层可以迅速收干，空出大片场地供观演使用。

1.3 梦幻水镜

水镜地面为薄薄的5~15mm水膜，起到反射天空及建筑物的作用，定时产生喷雾效果，产生大量负离子达到梦幻的效果，并且成为儿童游乐的场所，在演出期间，该区域为石材地面，在其他时间，为景观水景，保证不同期间不同功能的可用性，并达到Better city Better life的世博主题。

水镜轮廓尺寸为38mx 84m，设计标高为6.99m绝对标高，与周边7米标高广场通过0.3m宽斜坡过渡段进行过渡。表面花岗石采用毛面花岗岩，其毛面程度保证防滑及防污染的要求；花岗石的设计厚度为120mm；花岗石通过其下部的钢结构龙骨支撑，通过精确施工做到绝对水平。

紧邻水镜周边设置一圈环通的排水地沟，兼做广场地面排水之用外，还可以很好的限定水镜的水面范围。水镜下面设计了一个范围等大于水镜的蓄水池，深度550mm～600mm，进水管铺设在蓄水池周边的排水地沟内，从四面向蓄水池侧向注水，

宝钢大舞台

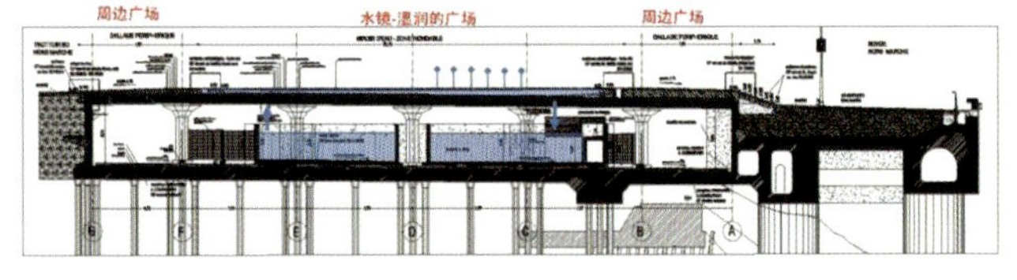

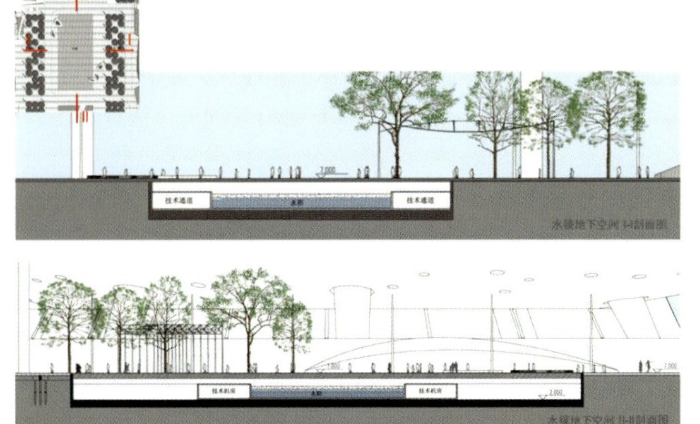

在蓄水池内设置了8处排水管，喷雾管直接铺设在蓄水池内部。水镜的设备用房设置在广场地下室内，主要由清水池、回水池和水处理机房三大部分组成，整个设备用房高度为5米左右；设计换水频率为3-4次/年。

广场铺地采用线性设计与世博轴形成横与竖的机理关系，与世博公园和演艺中心形成方向导向，并达到较好的连接。庆典广场中心的条形水镜设计，于世博轴相呼应，保证了世博轴实现的开敞性。

1.4 庆典舞台

位于庆典广场北端，紧邻黄浦江边，设计标高为7米，形状近似梯形，舞台长为73米，宽为25.8米～39米，面积约2368m^2，与滨江亲水平台通过大台阶链接。

世博会期间，舞台区域可采用拼装组合式简易舞台，形势采用门式结构，舞台结构根据演出需要具体设计；舞台保证视角的多方位性，从浦西对岸、世博轴、世博公园都能满足视线的要求，观演区位于水镜广场、合兴仓库、世博轴及世博公园。演职人员的换装、设备道具的储藏等功能主要设置在广场地下辅助空间。地下出口主要位于舞台与和兴仓库之间。

1.5 融于世博公园 沟通周边

庆典广场作为浦江两岸景观空间的重要景观点，绿化设计以周边景观为基础，并形成自己的景观特色。广场绿化以现代的设计元素为基础，条形的广场机理以自由布置的大树为特色，西侧与世博公园自然起伏的地形相结合，并与合兴仓库形成景观空间，东侧与演艺中心的辅助出入口相衔接，使庆典广场与出入口形成一个相对独立但又相互贯通的绿化空间，东西两侧的大树与世博轴的绿化形成一个连续空间。绿化树种的选择上，考虑以高大的乔木为主，乔木枝下要高，树形舒展，以形成林下通透和良好的景观效果。绿化与周边多国旗阵相结合，与世博轴的瀑布水景相对应。

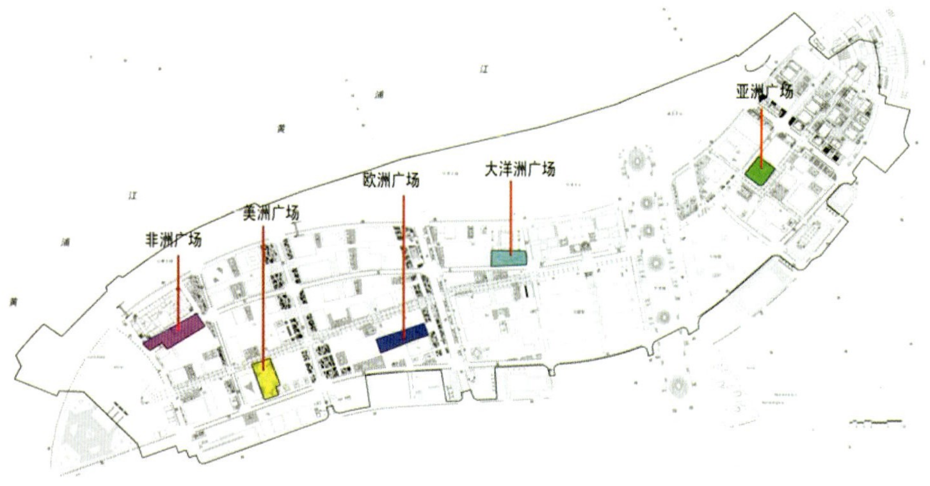

2 五大洲广场

2.1 概况与主题

五大洲广场是根据《世博会主题演绎计划》所提出的浦东主题区“地球、城市、人”的主题系列广场，并按所处展馆组团分别设置，包括“亚洲广场”、“非洲广场”、“美洲广场”、“欧洲广场”、“大洋洲广场”。

两种类型的主题从不同的角度明确了主题广场设计的目标，要求广场的设计必须始终对所属的主题给予重点关注，通过对主题的有效演绎，使广场各部分具有鲜明的个性和灵魂，同时使公共空间系统具有一定的连续性和整体性。

设计对五大洲主题广场及14个中心广场的主题表达设计极为关注，对各大洲最直接的印象元素进行抽取，归纳各广场对应的最切合的设计语汇。印象元素的获取途径广泛，加上文献、网络、交谈、问卷等多种形式的调查手段和各种分析手法的运用，最终目的是在限定的场地范围内呈现丰富多彩的大洲个性，烘托（包括文化气息的传达、典型印象的表现、互动体验的加入等）五大洲广场的主题氛围。

2.2 功能定位

五大洲广场契合世博主题演绎，在主题广场与中心广场的整体环境设计和风格功能定位的基础上，充分整合各广场不同的主题特点和地域特征，策划设计供184天文化演艺使用的舞台及舞美配套区域。

五大洲广场

名称	地块	面积（m²）
亚洲广场	A03	4674
大洋洲广场	B02	5298
美洲广场	C07	5371
非洲广场	C04	3049
	C05	2938
欧洲广场	C10	5878
合计		27208

舞台和观演区的布置形式充分考虑周边展馆环境、设施布局、参观人群的流量、走向、秩序和行为需求，以丰富多样的空间布置形式为参观游客留下印象。应根据广场的具体情况确定采用中央式舞台或背景式舞台，且背景式舞台的背景不得遮挡展馆的入口段立面。

观演区的设定尽量保证在展馆排队等候区的人群能够观看演艺活动，不同的舞台形式和环境因素决定了观演空间布置的多样性，从观众的可能行为和观赏视线出发，观演区划分出“最适区”、“配套区”和“控制区”，即不同的观演范围内得到不同的观演体验。

2.3 亚洲广场设计

围绕亚洲城市特色，其中选取中国古代城市布局“九经九纬”为主要文化元素表现，别具一格使用“竹”阵体验空间，穿行其间，影影绰绰的竹阵文化体验区，呈现亚洲文化的内敛和含蓄美。广场设计元素考虑中国传统建筑中城墙、城门元素。既代表了亚洲城市的总体城市布局和建筑风格，又展现上海作为2010年世博会东道主的文化风貌。种植上以在亚洲区分布最广，品种最多，体现亚洲“内敛含蓄”的人文内涵的竹子为主。

2.4 大洋洲广场

将对大洋洲的印象：海洋、草坪、袋鼠——这些元素抽象地运用到设计中，采用曲线和直线相结合地表达，整个广场活泼动感。

2.5 欧洲广场

围绕对欧洲广场文化的理性剖析，融入集会、交流，将欧洲罗马柱和方尖碑元素注入广场，以“柱”连接方形舞台。

2.6 美洲广场

美洲文化带有神秘及宗教色彩，采用轴对称的构图手法使整个广场显得庄严典雅。表现古老神秘的美洲广场。

2.7 非洲广场

通过遮阳伞的造型设计，与硬地广场相结合，象征了非洲稀树草原的独特风貌。

四　出入口及广场

1 项目背景

根据《中国2010年上海世博会规划区控制性详细规划》，在世博会期间，世博会场将迎接来自世界各地的7000多万游客，平均日客流量40万人，一般高峰日60万人次，极端高峰日80万人次，高峰小时到场客流将达20万人次。出入口广场应合理地安排交通设施、广场，合理有序地利用有限空间资源组织入口周边的世博客流与相关交通的关系。

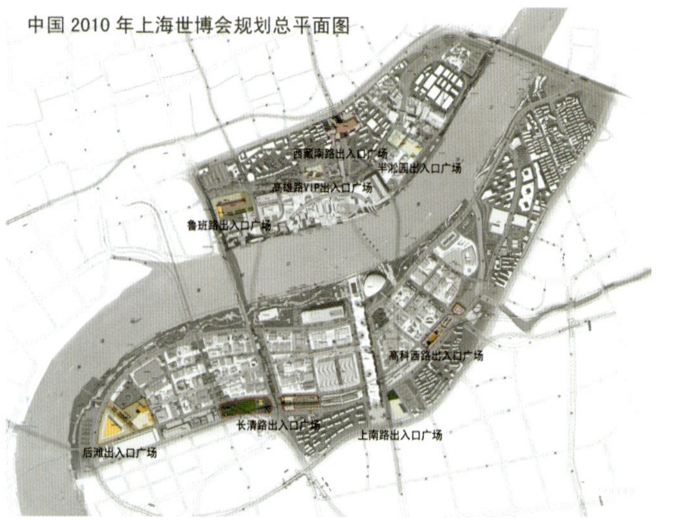

2 总体规划

按照出入口体系包括陆上出入口广场和水上出入口广场2大类。根据园区出入口类型，出入口广场分为内广场和外广场，

2.1 陆上出入口

世博园区拟设置“4主、4辅”8个地面常规人行出入口、520个安检闸机口及2个VIP出入口；同时，为配合出入口客流集散，在8个常规人行出入口，分别设置一定规模的城市广场，规划总用地面积约20.7hm²。陆上出入口广场主要包括以下功能：人流出入园集散功能、配套设施功能、遮荫避雨功能、景观功能；出入口集散广场与城市道路直接相连，构成世博园区的前景广场。

3 水上出入口（水门和轮渡）

世博水门和轮渡的主要功能定位于世博会期间的交通分流功能。其主要目的是分流世博会参展、参观人流，为解决世博水上交通提供条件。通过水路分流，缓解了陆上8个出入口的交通压力，为陆上人流疏散提供了极为有利的条件。水门为参观人流从水路进出园区的站点，设靠泊及候船设施；轮渡为园区内参观人流从水路过江的站点，设靠泊及候船设施。通过在园区围栏内设置水门和轮渡等基础设施，确保达到展会期间通过水路能够输送10%进园参观客流和20%园内越江客流的要求。

中国2010年上海世博会园区内水上交通设施——临时轮渡

陆上出入口

出入口名称		面积	安检闸机（门）	票检闸机（台）	10S	
					排队进园时间（分钟）	所需容纳人数（万人）
浦东园区	高科西路出入口	87850	60	36	31	1.13
	长清路出入口	96872	70	42	32	1.15
	后滩出入口	102520	70	42	30	0.98
	上南路出入口	29696	120	75	37	0.72
	白莲泾出入口					
浦西园区	鲁班路出入口	59019	70			
	西藏南路出入口	57097	70			
	半淞园路出入口	38942	38			

（水门）工程设置在世博会园区内黄浦江两岸。共设置5个临时轮渡（水门）站点，总计8个轮渡泊位、6个水门泊位及3个待泊泊位。本工程设计为临时设施，在184天的世博会期间承担游客进入园区及园区内游客越江的功能需求。世博会后将予以拆除和功能置换。L2&M2站点为规划旅游码头（辅码头）位置，世博结束后将改造成为旅游码头。VIP1、VIP2建设标准高于其他站点，世博结束后将作为高等级包船码头或贵宾的滨江接待点。园区内L1&M1、L3、L4、L5、L6&M3站点均按临时标准建设，世博后拆除。

水上出入口

序号	项目名称	泊位数（个）	岸线长（m）	用地面积（m2）
1	L1&M1	5	294	14937
2	L2&M2	5	267.5	12730
3	L6&M3	5	284	6052
4	L3	2	74	3480
5	L4	2	77	4363
6	L5	2	80	3394
7	VIP1	1	38	3150
8	VIP2	1	38	3150
总计		23	1152.5	51256

4 出入口广场设计原则

出入口广场以人流疏导为主，必须具有明确的导向性和可识别性。绿化景观以少量大乔木树阵为主。广场地面铺装可采用色彩较丰富的材料，或多种装饰材料的组合，强调明确的导向功能。集散广场周边可设置景观小品坐凳和树池相结合。

出入口广场景观设计着重解决以下几大问题：

导——人流疏导
遮——遮阳蔽雨
坐——坐椅休憩
水——饮水降温
洁——垃圾收集
绿——绿化装饰

4.1 导——人流疏导

游客到达出入口广场后首先进入外广场，在外广场中设有现场票务及其他配套服务设施。游客经过自由广场区域、预排队区域后，在蛇形排队区内排队，经过安检票检后，即进入内广场进行集散。内广场中设置各种配套服务设施以应对游客及工作人员的不同需求。

通过分析以上人流行径模式，可以根据服务设施布局和各广场交通具体情况，在广场边缘适当安排休憩空间；总体广场布局可以细化为自由空间、预排空间、行进空间和停留空间四部分。

为了实现游客集散的顺畅、便捷、安全和效率，广场铺装设计突出引导性将是重要环节。铺装引导的主要设计策略，铺装整体形式以各种流线及入场行程特点作为布局依据。根据出入口和闸机口位置寻求最直接的路径。铺装色彩采用深灰色和浅灰色。以灰色系列降低太阳辐射而提高视觉舒适度；色阶差异突出地面图案标识。

4.2 遮——遮阳蔽雨

遮阳蔽雨采用3m×3m移动伞，突出安装便利，应变性强，便于回收的特点。遮阳伞棚分为插口型可拆卸式、可移动式和固定式三种。

4.3 坐——坐椅休憩

坐椅布置应该以不妨碍交通为原则，结合移动伞、移动绿化和局部路段的行道树；主要依托遮荫措施提高舒适度。

充分利用高架平台下部空间作为坐椅集中安置点。座椅数基本达到或者超过场地规范的上限值。由于世博会人流的特殊性，可以随时根据需要再增加数量。

4.4 水——饮水降温

直饮水用水参数为每个龙头出水量为0.05L/S，每一个点为两组，每组为3个龙头。

4.5 洁——垃圾收集

垃圾筒结合停留空间设置，主要结合坐凳布置，垃圾筒采取分类处理方式。

4.6 绿——绿化装饰

采用可移动的2m×2m箱栽植物，以方便会后再利用。箱栽植物结合坐凳，在提高广场绿视率的同时提供休憩空间。植物品种以桂花、含笑和乌哺鸡竹为主。针对重点路口以及需要保护的临时实施附近增加临时绿地，分别起到绿化装饰和绿化防护的作用。种植地被和乔木，取消灌木种植，以降低造价。草坪为耐践踏草坪，必要时可作为疏散场地。便于快速改造成硬地，成为广场或停车场。在局部景观视线焦点处布置花径，成为绿地景观亮点，烘托世博热烈欢庆的氛围。

4.7 其他

视屏和广播采取共杆处理的手段，造型简洁而醒目，沿主要围拦入口、休憩处、高架入口及路边等主要人流出入地集中设置。

配套设施专项包括移动厕所、移动电信信息亭、电信电话亭、交行银亭、可口可乐售点、伊利售点等；移动厕所靠近临时固定厕所，交行银亭靠近售票或配套用房外，其余结合休憩停留功能形成较为独立区域。

喷雾系统分为临时和固定的两种。固定喷雾系统主要设置在安检区大棚下；临时喷雾采取人工移动手段，布置在自由广场上，具体指标和数量根据会时实际情况决定。

后滩出入口广场经济技术指标

总用地面积（m²）		102520
总建筑面积（m²）		17295
其中	B01	648
	B02	1728
	B03	1152
	B04	288
	B05	792
	B06	306
	B07	306
	大篷	12075
建筑占地面积（m²）		15855
容积率		0.17
建筑密度		15.0%
绿化率		5.0%

5 陆上出入口广场详细设计——后滩广场为例

后滩广场是世博会园区最大的集散广场，实际广场用地超过9公顷，预计容纳人数2.38万人。面对如此大的人流和最大范围的入口闸机布置，景观设计突出道路的铺装引导性；在广场边缘和高价平台下部集中设置休憩设施，包括座椅、绿化和服务设施等。浦明路路口三角地带由于地位特殊，处于世博园区的西南大门，所以设置临时绿地而突出绿视率，可放置海宝等雕塑或者主体花坛作为视觉焦点。

6 水上出入口详细设计——L1M1为例

L1（M1）轮渡（水门）结合设置于浦西下游苗江路、望达路口，地块宽度自驳岸线往后38～67m，长度约为277m，岸线使用长度约290.9m，岸线两端老驳岸与规划驳岸线基本重合，中间部分老驳岸在规划驳岸线内侧，最大距离为6.8m。岸线范围内的规划驳岸线呈往外凸的两折线，为方便连续布置泊位，连接岸线两端点成为直线新建驳岸线，新建驳岸线处于老驳岸线附近，处于规划驳岸线以内，两端与老驳岸以沉降伸缩缝顺直衔接。

L1（M1）站点共设置了1个轮渡泊位，4个水门泊位；场地共有4个出入口与北侧苗江路相连；其中轮渡侯船区及出入口设置相对独立，这样就将轮渡游客流线与水门游客流线完全区分开，侯船区对应码头位置布置，确保了上下船游客流线互不干扰。每个候船区面积按等候1班船计，每人占用1m2，每个候船区按容纳450人计算，基本以站立等候为主，设少量休息座椅照顾老弱病残候船，候船区顶部采用膜结构进行遮阳处理。每个泊位按四个移动厕所配置，在广场设2个移动厕所，在候船区设2个移动厕所。L1（M1）站点共设置20个移动厕所；广场内分设4处岛式直饮水点，1个ATM机；在广场内设10个内部停车位；为控制上船人数，在候船区入口处设置计数装置，当达到设计人数时，工作人员可关闭候船区入口处电动门。为便于人流控制，在站点周边用密植绿化透空围栏与园区隔离，并由出入口与园区相通。

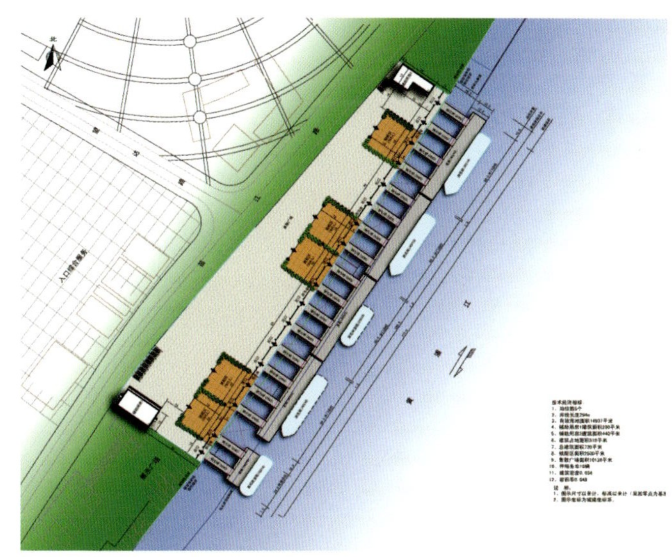

L1（M1）轮渡（水门）技术经济指标

1	建设用地面积	14937 m²
2	建筑物、构筑物用地面积	3252 m²
3	总建筑面积	2384 m²
4	建筑系数	21.8 %
5	容 积 率	0.16
6	道路及广场用地面积	11076 m²
7	绿化占地面积	4.08 %
8	绿化面积	609 m²
9	内部停车位	10个

6

世博园区永久建筑及场馆景观

图片摄影：刘其华

一　一轴四馆景观

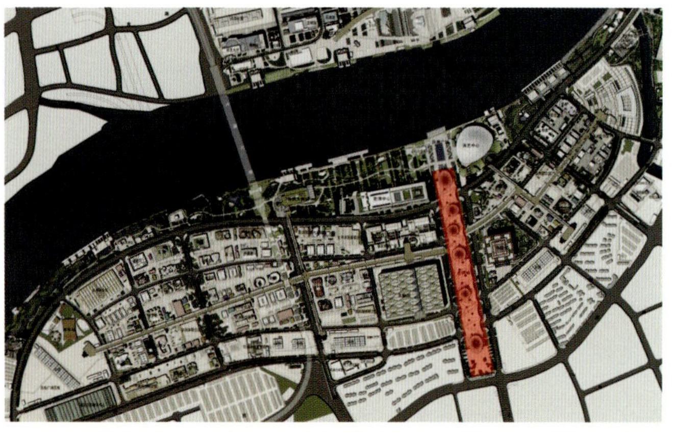

1 世博轴

1.1 概况

世博轴位于浦东世博园区中心地带，是世博园区内最大的单体项目。世博轴全长约1000m，宽约110m，总建筑面积近25万m^2，分地上地下各两层，为半敞开式建筑，是一个集商业服务、餐饮、娱乐、会展服务等多种功能于一身的大型商业、交通综合体，建成后相当于一个建筑面积为15万m^2的购物中心。世博会期间，世博轴是世博园区空间景观和人流交通的主轴线；世博会后，将成为都市空间景观和城市交通主轴。

作为世博园区内重要的标志性建筑，世博轴与中国馆、浦东主题馆群、世博中心、世博演艺中心四大场馆相连，并且与横穿浦东世博园区的高架步道相通，游客进入浦东园区后可以通过世博轴直接走到不同的场馆。

1.2 一公里环保景观走廊

从上南路主入口，到黄浦江畔的庆典广场，世博园区的“中轴线”世博轴绵延达一公里，总造价超过40亿元。和历届世博会一样，世博轴是游客步行参观园区的主干通道，但这一次，在阳光谷、蓄水池、江水源热泵等设备的配合下，主干道被打造成一条货真价实的“环保景观走廊”。

一公里走廊中，利用阳光谷和其底下的蓄水池，一次最多储蓄雨水7000t，会期预计为世博园区提供5万m^3的生活用水，节省原来规划水量的50%；利用江水源和地源系统，再度让世博轴省下50%以上的自来水供水，100%节约了空调冷却水，并让园区空调运行费用降低20%。

阳光谷上大下小的独特设计，将阳光从40多m的空中“采集”到地下，也把新鲜空气送到地下，在整个世博轴的最底下，还设有总长800m的巨型蓄水池，一下雨，水就从阳光谷的喇叭口直接流入蓄水池。7000t的蓄水量可满足特大暴雨的蓄洪要求，这些水在晴天能用于灌溉和冲洗，实现建筑与自然的和谐一体。

世博轴在靠近黄浦江一端安装了江水源热泵，每小时有1200t黄浦江水通过热泵成为空调冷却水，处理后再排回江中。江水源热泵加上较小比例的地源热泵，不仅满足世博轴的制冷供暖需求，还能同时保障世博中心、演艺中心两大永久建筑的空调运作。

1.3 迷你公园点缀线性绿带

东西两侧大斜坡以台阶状的巨大草坡为主体景观，3个景观阶梯与三个建筑平台相对应，相互连成一体。相隔约65m左右收拢等高线，形成一个局部的陡坎，布置了以水池为主景的迷你绿地，同时也作为景观节点供游人休憩观赏。贯穿1100m长的座凳可让游客随时休息，也充分体现了以人为本。

1.4 水景广场南北呼应

南侧世博轴入口处以众多向心布置的大小不等的椭圆显示出一定的指向性，引导游人的进入，同时在平台四周以修剪整形的造型乔木作为边界的划分，并通过造型乔木疏密不等的排列，表达阻隔的强度。

在北侧临黄浦江的平台处，以大面积的跌落水池作为巨大的收头并与黄浦江形成内外的相互呼应，同时也将4.5m平台与-1.0m平台沟通起来。

1.5 与自然呼吸的阳光谷

阳光谷的诞生，与自然密不可分。世博会的大量人流让人联想到流动的空间。如果将世博轴视作一条宽大的河流，那么河流中的水漩就成为了阳光谷的设计灵感。6个阳光谷敞向天空，堪比足球场大小的顶部，充分吸纳着大自然的“精气”——阳光、空气和雨露。

每个阳光谷高40m，上口最大直径为90m，顶上喇叭状开口有足球场大小，地面面积接近一个篮球场。“阳光谷”表面因玻璃覆盖反光，这6个“阳光谷”由索膜结构连接，索膜结构由69块巨大的白色膜布拼装组成，其总长约840m，宽约97m，面积达68000m^2，形如蓝天下的朵朵白云。通过巨膜的合理遮挡，达到有效的遮光作用，

2 中国馆

2.1 概况

中国馆由中国国家馆、中国地区馆以及港澳台馆三部分组成，港澳台馆为三地自建馆。中国馆用地面积65200m^2，建筑面积153000m^2，高度为69.9m，极富中国建筑文化元素的“斗冠”造型以及表面覆以“叠篆文字”的主题构思，将无数中国人对于世博会的憧憬和梦想寄托在了独特的建筑语言之中。

2.2 东方之冠的人文景观

中国馆建筑外观以“东方之冠”为构思主题，表达中国文化的精神与气质，其设计理念可以概括为：“东方之冠，鼎盛中华，天下粮仓，富庶百姓。”中国馆由国家馆和地区馆两部分组成。这两部分的空间位置与取向，分别体现了东方哲学对“天”、“地”关系的理解。国家馆为“天”，富有雕塑感的造型主体——“东方之冠”高耸其间，形成开扬屹立之势；地区馆为“地”，如同基座般延展于国家馆之下，形成浑厚依托之态。

国家馆居中升起，形如冠盖；层叠出挑，制拟斗栱。“匠人营国”中的九经、九纬之道，成为国家馆屋顶平台建筑构架的文化基础。传统建筑中斗栱榫卯穿插，层层出挑的构造方式，则成为国家馆建筑形态的文化表达。

地区馆平卧于国家馆之下，为人们的活动提供了厚重坚实的平台。它的四面或以台阶步道，或以园林小品与周围环境巧妙衔接；建筑外观上还镌刻着古代叠篆文字，悬挑在基地最外侧的环廊立面，印出中国历史朝代名称，象征中华历史文化源远流长；而环廊中的建筑小品表面，则镌刻中国各省、市、自治区名称，象征中国地大物博和各地区间的团结与进取。

2.3 体现节能环保思想的建筑空间格局

中国馆要兑现其对传统元素进行开创性现代转译的原则，并要实现其以建筑表述“环境宣言”的使命。

国家馆造型层层出挑，在夏季，上层形成对下层的自然遮阳。地区馆外廊为半室外玻璃廊，用被动式节能技术为地区馆提供冬季保温和夏季拔风。地区馆屋顶“中国馆园”还将运用生态农业景观等技术措施有效实现隔热。在建筑表皮技术层面，充分考虑环境能源新技术应用的可能性。景观设计加入了小规模人工湿地，可实现循环自洁，成为生态景观。

2.4 景观 观景——中式屋顶庭园“九州清晏”

地区馆屋顶平台面积约27000m²，在世博会中主要用于人流集散，在世博会后将主要用于公共休闲活动，此平台上的屋顶花园将对主体国家馆起到重要的衬托作用，也将成为上海市最重要、规模最大的一处屋顶景观场所。

地区馆屋顶花园的立意来源于圆明园九洲景区（常以其中心九州清晏概称）之形制。“九州清晏”寓“河清海晏、天下升平、江山永固”，其形制是以碧水环绕的9个岛屿象征疆土之广袤，以分布于其上的不同景观代表山河之瑰丽，此形制恰好与地区馆屋顶花园的身份相符。

地区馆屋顶花园被命名为“新九州清晏”，其主要设计理念为：

（1）“园中园”集萃园林形式

承园治之道，继承以“九州清晏”为代表的我国“园中园”式的集萃园林传统。

（2）抽象景观矩阵

根据地势与气候差异把典型景观分类，抽象成“田”、“泽”、“渔”、“脊”、“林”、“甸”、“壑”、“漠”8区，环绕在中国馆的主体国家馆周围，组成一副中国当代环境景观矩阵。

（3）景观与观景的结合

地区馆屋顶花园本身既是景观，又是观景平台，可在此看到国家馆主体，世博园区和上海浦江景观。

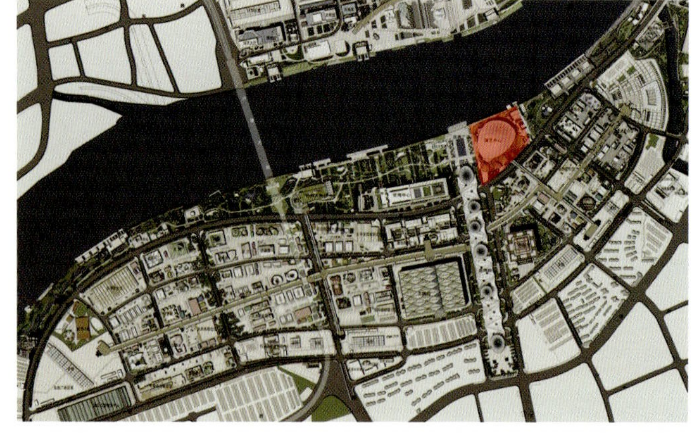

3 演艺中心

3.1 概况

世博演艺中心居世博核心区重要区位，用地位于世博轴以东，西侧与庆典广场相连，并与世博中心相呼应，北临黄浦江，与世博浦西园区隔江相望，东侧为保留的成品码头和滨江绿带，保留的成品码头将被改造成游船码头，南侧沿浦明路作为主入口，并设绿化带与东西地块绿带相连接。演艺中心用地面积67200 m²，总建筑面积达125900m²　高度为41m。

根据世博会总体规划，演艺中心作为世博会最重要的永久性场馆之一，在世博会期间将承担各类大型演出和活动，满足世博会大型文艺演出需求，同事考虑世博会会后的后续利用。

3.2 “艺海星云”的建筑美学概念

以演艺中心建筑设计的概念“时空飞梭”为基调，进一步结合场地的功能需求及文化特性，从而提炼出景观设计的中心主题——“艺海星云”。设计围绕“艺海星云”展开，旨在烘托演艺中心本身与科技的融合，艺术与时代的交响。不断重复地运用星云及星光这些基本元素来强调设计的时代感和未来性，进一步烘托场地的艺术氛围。充分利用开放空间来联系各个场所，让人们能在不同的时段来欣赏演艺中心的胸围风貌。同时，在细节设计上做到以人为本，用小尺度精致且极具亲和力的方法来诠释演艺中心的内涵，创造一个艺术氛围浓郁、现代气息强烈、时尚而有风情、简约而不简单的环境。

在表现方法上，基于现代开放空间的形式作为统一的主题与手法贯穿全局，表现上海是个现代进步的城市，演艺中心独特的文化个性将被现代抽象或具象的手法映射出来，一个现代的开放空间系统并将定义出演艺中心的个性。

3.3 生态屋顶草坡

将与地面交接部分的屋顶以屋顶草坡的形式处理，借以开拓绿色空间，美化环境，进一步提升环境品质。屋顶草坪注重平面和立面结合的效果，面层以大面积不规则的几何线条划分，用看似随意而又规整的分割来烘托时代感。屋顶以大面积不加任何修饰的草地为主，烘托出组合体建筑的韵味。

屋顶绿化实际上是人工生态系统的建设，这个工程中要突出考虑的是建筑荷载、防水、排水的安全保障措施，同时要考虑小气候环境条件，依据植物的生态学特性进行植物配置。通过使用轻质结构板与轻质营养土减轻了建筑结构荷载，同时保温隔热，节省建筑造价；其次它的稳定性好，不会发生基层变形。而轻质营养土的运用可以提供植物更多的水分和养分；高含量的无机物也使其性能稳定，指标可定量控制，同时做到无异味，无虫害。

3.4 老码头的保留保护

借助码头的先天优势，一个由绿篱围合的下沉式小庭院应运而生，处在这样一个“与世隔绝”的小庭院里，看着由天然板岩雕琢而成的背景，耳边回响着江水潺潺的细语，连绵的江风拂面而过，淡淡的禅意经由脚下细碎的砾石传达开来，使人心灵为之放松，精神为之振奋。这样的空间加强了这个基地的文化内涵，同时也协调了基地与周边环境的过渡关系。

3.5 建筑内街肌理设计

相应建筑实际是“时空飞梭”的基调，以一种杂而不乱的形式来展现设计的时代感。用灰色的花岗石满铺作为底色，就如同铺开了一张时空的画布，其上纵向的分隔条不规则地分布，就如同时空的断章，连绵不断。而其中参杂的深色花岗石则如同是漫天的繁星，在这连绵不断的时空中留下点点的足迹。

3.6 防汛墙与生态挡土墙的结合运用

采用石笼这一新技术，将防汛墙与生态挡土墙相结合，在达到功能要求的同时也为整个景观锦上添花。石笼，作为一种高效快速的景观设施，是一个集实用、环保与创意为一体的产物。它可以抗击腐蚀、加固抢险、环保绿化、外形灵活接近自然、回收渣土并具有一定的抗震性能。

石笼的主要优势在于：墙体牢固，寿命长达50～60年；建造难度低、工期短；同样体积的建造成本低；环境保护，墙体可以植入常春藤降低粉尘；外观新颖、外形灵活接近自然景观；用途广泛，使用特定填充石可以阻隔声音。

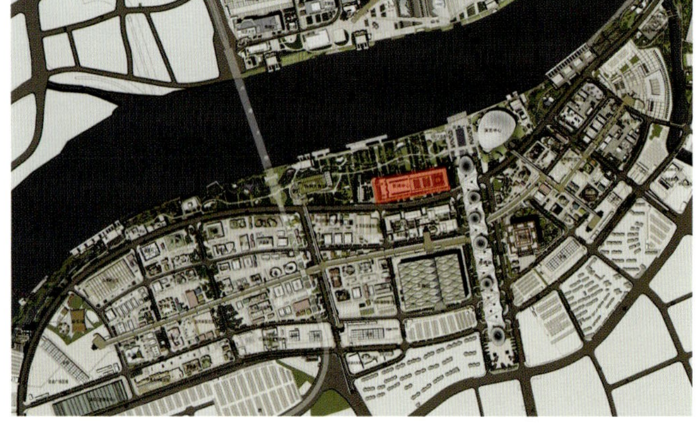

4 世博中心

4.1 概况

世博中心是上海世博会最重要的场馆之一。它位于世博公园内，向南为世博会主题馆，东面为世博轴、演艺中心及中国馆。世博中心建筑东西长约350米，南北宽约140m，用地面积66500 m^2，总建筑面积约14万m^2，建筑总高度不超过40m。

世博中心建于黄浦江沿岸，外墙设计视线通透，不仅将浦江两岸的风景尽收眼底，也大大降低了建筑自身的体量。世博中心的外观设计则与周边的中国馆、主题馆、演艺中心和世博轴交相辉映，与滨江的世博公园、黄浦江等取得自然相融的效果。

世博中心有四大核心功能和四个辅助配套功能。四大核心功能分别是：2600人的会议厅、600人的国际会议厅、5000人的多功能厅和3000人的宴会厅。世博中心配备的2600人的会议厅，能较好地满足各类大型会议、国际活动在场所规模和设施方面的需求；600人的国际会议厅是按国际元首级会议需求配置的，可用于接待重要贵宾，吸引国际组织首脑会议；5000人的大型多功能厅占地面积7200m^2左右，可举行国际性大会和活动。

在世博会举办期间，世博中心将成为世博会运营指挥中心、庆典会议中心、新闻中心、论坛活动中心等，成为上海世博会运营管理的主要工作场所。

4.2 与世博公园的绿化延续

世博中心绿化景观以世博公园为依托，延续公园植物景观，整体风格与中心建筑呼应，纯净、简雅、大气。植物主要选择世博公园运用较多的香樟、樱花、栾树等。在世博公园大绿化背景烘托下，春季，杏、樱齐放，落英缤纷，馥郁馨香，沁人心肺；夏季，栾树黄花满树，杏、樱、樟等枝繁叶茂郁郁葱葱；秋季，栾树红果高挂，杏、樱、梅等秋叶绚丽；冬季，香樟绿意盎然，梅花暗香浮动，杏、樱等树形优美，光影在草坡上变幻莫测。

4.3 节能环保理念的应用

在世博中心的景观设计中，采取了多项措施，尽最大可能利用自然能源，包括太阳能的利用，雨水的循环利用等。在铺装材料的选择上，也秉承可循环使用、无污染、经济合理的原则，选用透水砖，透水混凝土，等铺装材料。总体上达到98%的铺地透水率，满足并远超美国LEED指标。

4.3.1保护和节约水资源、材料和资源

在设计中结合使用了透水绿地和透水地坪技术，使整个场地的透水率达到95.4%。同时使用新型的环保材料在景观中得以大量运用，在保护和节约水资源、材料和资源方面达到了国际先进水平。

（1）透水绿地

在本项目中，所有的绿地都将采用低于铺装地面。种植土壤经过专业改良处理，在保证种植效果的前提下，达到迅速排水的能力，所有场地排水集中排向绿地，通过草坡、绿地、草坪以及特色水景，将雨水收集、过滤、循环使用。

（2）透水地坪

世博中心的景观铺装材料的选择上，秉承可循环使用，可再生使用，无污染，经济合理的原则，场地所有硬地铺装均选用砂基透水砖，透水混凝土等新型环保铺装材料。

4.3.2 高效的能源利用和可更新能源的利用

设计中把太阳能结合到大型车停车场廊架上，对天然能源的有效利用，更好的减少建筑对环境的影响，成为绿色高科技建筑。

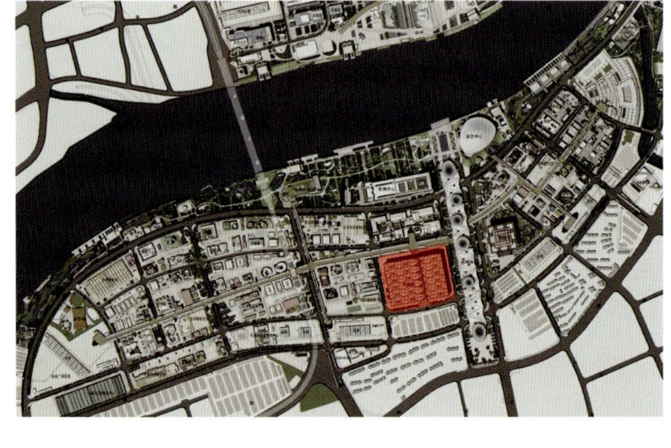

5 主题馆

5.1 概况

主体馆位于世博园区B片区的主题馆群，包含了城市人馆、城市生命馆和城市星球馆。因这些展馆聚合在一起，被称为主题馆群。主题馆群用地面积11.46万m^2，总建筑面积约12.9万m^2，高度为27m，相当于3个标准足球场，“体型”蔚为壮观。

5.2 里弄 老虎窗的石库门建筑抽象

主题馆群围绕“里弄”、“老虎窗”的构思，建筑设计运用了“折纸”的手法，形成了二维平面到三维空间的立体建构，而屋顶则模仿了“老虎窗”正面开、背面斜坡的特点，颇显上海传统石库门建筑的魅力。

座位主题馆主要的景观场地空间——下沉广场位于主题馆基地东北角，占地面积5000多m^2。下沉广场南邻主题馆地下展厅，北接主题馆人防工程，是主题馆室外重要的景观点，也是重要的交通节点。由于主题馆设有地下展厅，如何充分利用地下展厅，并且将人流自然地引入地下空间，成为主题馆设计中一个重要的问题，下沉广场的出现无疑是解决这一问题的有效的途径。

5.3 景观空间的复合性功能

下沉广场功能定位为复合式多元化的滨水休闲场所。由于其本身作为人流交通枢纽，因此人流的汇集成为必然，这就带来了下沉广场功能上多样化的可能性。下沉广场中铺设了1500m^2的木质平台，平台临水而设，吸引了观众驻足停留。车台上可设置咖啡座，室外餐饮，也可作为室外展场，室外可举办演出活动和时装秀等活动。下沉广场功能的多元化使得主题馆不仅仅是一个单纯的展馆，将是个更贴合世博会主题——“城市，让生活更美好”的综合性展示场所。

5.4 景观与建筑艺术的融合

下沉广场与主题馆和本建筑在尺度、风格上是协调呼应的，保持了总体设计风格的延续统一。斜面跌水，长度约90m，高度约6m，气势恢弘。跌水造型为多个三角形体块交错而成，形式上与主体建筑材料的立面和大挑檐交相呼应。通过水池中屋檐的倒影更加体现了两者的协调统一。

5.5 雨水循环利用造景技术

下沉广场的跌水概念引入了中国传统建筑中“藏风聚水”——“天井中聚水为池，汇天地之灵气”的理念。造型理念也秉承了主题馆建筑中基本的造型母体，与主体建筑浑然天成。下沉广场中跌水和水池中的水是利用雨水收集系统先将屋面上的雨水回收、处理后供给的。水通过跌水顶部隐蔽的出水口均匀地缓缓流下，再经过水池进行循环。水池中设三组喷泉，运用电脑控制系统，调节喷水高度和造型。夜间，斜面的跌水可通过激光投影和灯光照明变换各种效果，形成与白天不同的感受。

5.6 垂直生态绿化墙

主题馆东西立面设置垂直生态绿化墙面，面积达5000m²，为目前世界最大的待建生态墙（日本爱知世博会生态墙面积约2500m²）。利用绿化隔热外墙在夏季阻隔辐射，并使外墙表面附近的空气温度降低，降低传导;同时在冬季既不影响墙面得到太阳辐射热，同时形成保温层，使风速降低，延长外墙的使用寿命。

二 世博村景观

1 背景及概况

世博村规划用地位于浦明路以南、白莲泾以东、浦东南路以西地段，总用地面积约373000m²。项目由10个部分组成，功能为五星级酒店，公寓式酒店、物流仓库、商业和办公等。

世博村将在世博会筹备及举办期间，为各参展国家和国际组织人员提供住宿、办公、餐饮、购物、娱乐、物流、后勤等需求。世博会后转变为领馆区或涉外区，为区内及周边居民提供良好的居住、商务、办公、接待、购物、休闲等功能，将成为上海又一个特色鲜明的国际化街区。

2 多地块 多功能的共性与个性

（1）不同地块项目使用功能及性质不同，社区国际多元化的个性风格需求，在满足各个地块的性质下将大社区的设计氛围一体化是有需要慎重把握住设计尺度。要“个性”也需要“共性”。

（2）临时绿化的设计需要满足世博会间高标准的使用要求，但在考虑景观效果的同时，须考虑临时绿化的投资造价上的节约避免过多的浪费。

（3）与白莲泾公园的关系，两者之间是密不可分的，在两者之间需要有视线、交通、空间的沟通。

（4）技术处理的难度较大，D地块中有大面积的屋顶绿化和斜坡覆土绿化；B地块浅水渠的水质循环和净化等一些技术要求较高。

（5）基地现状有一些高大的乔木，结合设计尽可能合理的把它们保留，部分做好迁移使用方案。

3 家园 绿洲 人文 个性的人居环境

设计强调打造“家园”、“绿洲”、“人文”、“个性”的人性化居住社区。通过对住区环境的塑造，提升居住者对“村”的认知感，“村”不是一幢楼，一套公寓，而首先是一片完整的社区，一个美丽的“家园”。在高层、多层环抱的建筑围合出的人工空间中创造出现代的生态绿洲，通过有机的组织，让其自身成为一个可循环的生态环境，调节区域性的小气候，让人能最大限度地回归自然，让整个社区达到人与自然的和谐共生。 每一个社区都将会创造出自己的“区域文化”，从项目开始策划运作，整个“人文”的创造就已经开始，规划设计，建筑设计，景观设计，是一步步地将文化的火种传承并扩大，甚至是一个系统，并不停地延伸，国际性的社区是在开始之初就提出的概念。“个性”的创造是独特并不代表着怪异，在吸收传统景观设计的前提下，以开放的眼界去创造出适合上海世博的景观，使景观成为世博村的另一个亮点与标志。

4 简洁 有序的多重打造

运用地形学的多种形式模拟，塑造出不同的自然地貌，以简洁的几何式手法表现不同的自然生态体系，用谨慎的态度去模拟再现自然生态系统。注重生态的连续，在不同的地形中用柔和的林木沟通融合，让景观真正的立体化。用四维的方法去创造真正的自然景观，注重人与自然的联系，强调自然“谜”一般的自然特征，如水声、风声，岩石的沉重和稳定，缥缈神秘的雾，以及令人难以置信的光线。

在构图上强调几何和秩序，多用简单的几何母题，如圆、椭圆、方、三角。强调母题的重复运用，以及不同几何系统之间的交叉与重叠。在材料上除使用新型的工业材料，如钢、玻璃外，还挖掘传统材料的新生魅力，将自然的材料纳入严谨的几何秩序之中。

水池、草地、岩石、砂砾等都以一种人工的形式表示出来，种植也都是整齐划一的。树木大多按网格种植。灌木修剪成几何绿篱，花卉追求整体的色彩和质地效果，成为严谨的几何构图中的一部分。

5 世博村A地块景观

上海世博洲际酒店位于规划的世博国际村内，世博园浦东园区最北端.基地北临黄浦江，近南浦大桥，处于浦江两处转折之间.基地西北为城市主干道-浦明路（滨江景观道路），西侧为城市次干道-雪野路，东临世博村路，南临城市支路—沂南路.为世博园区最北端地标建筑.用地面积为24632m²，绿化率40.2%。

6 世博村B地块景观

B地块总用地面积88292m²，项目旨在提供一个拥有最大的江景和户外休闲场所的公寓式酒店，并体现国际化的生活方式。该区域的规划结构分为四个组团，团内部为半私密性庭院景观，组团外部为开放的道路景观。

紧紧抓住项目任务中要求的“国际多元文化”的需求，将规划结构中的四个组团做了风格的定位，以“东方”、“西方”、“工业”、“现代”为主题进行景观演绎，强调：“东方”的含蓄、婉约，“西方”的序列、一律，“工业”的凝重、沧桑，“现代”的靓丽、摩登。

景观强调对植物、水体、小品、铺装设计也按照四个组团来体现不同的个性，特别是植物的选择强调组团所要营造的都市氛围不同的植物将配合不同的主题，在“东方”组团中植物选择有竹、梅、莲等具有较强中式代表的搭配，氛围塑造突出东方文化的安静、平和；“西方”组团中选用一些修剪整齐的植

物，强调对称感、序列感；在“工业”组团中主要选用本地色叶树种，以落叶树种为主，强调季相景观如梧桐、银杏突出历史的厚重与沧桑，在材料设计中结合现状的改造建筑，将一些工业废材二次转换使用。“现代”的组团中除了简约的图案和几何构图外，在灯光声效上相对突出，使用色彩较为鲜亮、明快，采用一些创性的手法表达一些前沿文化。

考虑到水景造价问题，采用分时段水景概念，在保证每段水庭院都有永久固定小水景的前提下，对大面积水景考虑有水和无水的两种景观，将浅水池结合人的休憩停留场地进行趣味性的艺术处理。此方法将增加一些前期投入，但大大降低了后期的维护和管理费用。池底的艺术化处理将给无水景观带来独特的解决方法.

将大量活动空间集中在水景周边，提高水景的可参与性，增加水景以外的部分的绿化，减轻建筑周边的需要大面积硬质活动空间的负担，提供给人更多样的活动空间。

与各地块的建筑设计单位进行对接后，解决消防、搬家、地库功能性的需求。道路的设计中，在解决交通、消防等功能问题后，主要解决的是乔木种植的空间分布，对材料类型、铺装形式及其他细节处理需要结合整体的设计风格定位。由于消防登高面的问题，设计中尽量设法躲开此不利条件将空间有机调整，利用乔木色彩和季象差异创造道路空间的特色。

结合地块中的排风井上人口等设施进行细化设计，部分考虑用绿化加以围合，部分开放设计使人能参与其中。

围墙处理中考虑到视线的穿透以及绿化的处理，让整个道路及其地块的体系更加完整，做到人性空间的最大化。

充分考虑与白莲泾公园的关系。在每一个内街的尽端都设置了视线节点和交通节点，并结合白莲泾保留塔吊与保留的工业建筑一起构筑一个反映工业文明的记忆广场在世博会的入口区将成为一个反映城市地域文化的特色城市街景。

细节设计中对材料、照明、植物和小品的设计把握住保证街道的开敞性。尽量以简洁的设计方法创造出特色的世界村氛围，强调出不同的多元文化特点。

7 世博村D地块景观

地块总用地面积43975m²，项目为公寓式酒店，建筑布局将7座高耸的塔楼坐落于裙房上部，裙房屋面覆以绿色植物，形成与地面连成一片的人工坡地。

景观的核心问题就是解决好“坡地景观”和“屋顶裙房花园”的环境。

对坡地的处理模拟山林景观的效果突出“林”的效果，在坡底部分有较高覆土可能的区域种植高大乔木以达到绿色屏障的作用，在覆土较浅的区域以色叶小乔木为主突出季相景观，技术上处理好覆土固定，防止水土流失的问题。

对“屋顶裙房花园”着重处理俯视景观效果，结合屋顶设备及上人采光井的构图大胆的选用了圆形构图，延续“珠落绿盘”的特殊效果，在细节处理上强调简约的设计细节

在屋顶上隐约处理的步行通道可以连贯地进入不同的区位使人产生山地景观的体验，也为住户们提供了一个休闲交流的空间。屋顶花园种植选用一些景观效果较好的孤植树木来增强景观效果，主要以小乔木和灌木的方式处理花园以减少屋面覆土，在满足建筑消防要求的前提下，利用圆形的设计元素将规划道路弱化。充分结合景观小品或植物的布置，打破规划消防道路及登高场地对景观带来的影响。通过合理的高差设计以灌木绿化隔离作为围墙，在满足景观绿色屏障效果的同时也方便了后期酒店的安全管理。

三　城市最佳实践区（UBPA）景观

1　背景及概况

2010上海市世博会城市最佳实践区位于世博会围东北尽端的浦西E区，包括南北两个街坊，占地面积约15hm²，该项目中部和北部街区为中国2010年上海世博会永久保留项目。

“城市最佳实践区”是往届世博会从未有过的新概念，是世博会发展史上的一次创新。在“城市最佳实践区”，有逼真的模拟城市街区——一比一的实物模型让游人体验全球最有代表性的城市实践案例；有组展馆——为游人介绍各地的城市为提高城市生活质量所做的公认的、创新和有价值的各种实践方案；还通过宽阔的主题广场，供游人参与探讨交流城市管理和发展的话题。

“城市最佳实践区”和网上世博会一起被称为上海世博会的两大亮点。“城市最佳实践区”之所以被称为亮点，主要体现在三个方面。第一，“城市最佳实践区”不仅演绎了“城市，让生活更美好”的世博主题，而且它是世博会历史上的一个创举，为全球城市能够独立的参与世博会提供了机遇，并将成为来自世界各地的城市交流发展经验的独特平台。第二，城市参与世博会的方式与国家和国际组织不同，城市是以自荐案例和进行比选的方式参与世博会，而且必须明确展示领域。第三，“城市最佳实践区”既是展区，同时其自身也是展品，由建筑物、开放空间和环境设施等建成环境元素的最佳实践案例整合成为模拟城市街区，这无疑是世博园区中最有特色的区域之一。

2 整体规划设计

2.1 设计理念和指导思想

（1）体现中国2010年上海世博会“城市，让生活更美好”主题。

（2）突出创新理念，在积极借鉴世界范围内成功经验的基础上，本次设计在生态、节能、环保等方面突出设计理念和技术手段的创新。

（3）符合总体规划、在功能布局、交通组织、开放空间、建筑形态、公共服务设施和市政公用设施等方面，符合世博实践区规划的各项要求。

（4）综合考虑建筑和环境的功能、外部空间、交通组织和室内外环境景观。

（5）选用自然的人工可回收的绿色环保节能材料为主。

2.2 总体布局

城市最佳实践区从南到北形成主题区域、系列展馆和模拟街区3个功能区域。

南区的主题分馆和主题广场形成主题区域。原南市发电厂的主厂房将被分别改造成为主题分馆。新建的主题广场则取名为“全球城市广场”。

中区将利用老厂房的改造，形成城市最佳实践区的4组展馆，相应的展示领域包括宜居家园、可持续的城市化、历史遗产保护与利用。同时，还将配置2处公共服务设施。

北区的展示领域是建成环境的科技创新，采取实物展示方式，建筑、开放空间、环境设施等建成环境元素集成模拟生活街区，包括1个广场和3组建筑（分别以居住、工作和休闲功能为主导）。

“城市最佳实践区”内北部模拟城市街区更成为该区域的特色片区。案例建筑物（或片断）、广场、公共空间、环境设施等集成为尺度宜人的城市街区，将带给参观者置身其中的直观体验。

3 景观设计目标

规划对城市最佳实践区提出了“安全、适用、美观、创意”四大功能要求，使之必需满足展会、生态实践、视景形象、精神文化四方面需求。

可持续发展——兼顾历史保护、世博会展期间使用，与世博后的后续利用为一体。

国际化视野——接纳世界，场地专项设计成为各展馆的重要载体和整体背景；向世界学习，合理集成各展馆特色，为展会活动提供充足的空间和完美的条件。

符号化语言——与世博会城市主体相融合，并标志城市最佳实践区的特色形象符号

创造性塑造——以意向手段体现丰富的生态理念，实现自然与城市的有机结合，虚实之间的呼应与碰撞。

3.1 “能源之水”主题解读

3.1.1 意向

由城市与生态引发的对“水”的思考。取世博城市最佳实践区“生态城市”“模拟”的空间理念。

将一条意向“水”带，贯穿整个世博最佳实践区，南起全球广场尽端的水幕台综合服务建筑，西至成都活水公园生态案例，源于水而又止于水，真水与假水之间交互辉映。该设计使整个城市最佳实践区建筑在一片充满生命活力的“城市水源”之上。

3.1.2 空间

从空间角度，意向“水”带强调出城市最佳实践区的主干道，增强区域整体空间的导向性，从一定程度上方便了交通人流的组织管理。

3.1.3 视觉

从视觉角度，偏蓝色的冷色调铺地配合周围设施小品中配置的喷雾等降温设施，能够有效地从心理和生理两方面为场地降温。

夜间，这条意向“水”带也同样会通过LED灯光技术展示在参观者眼前，为世博会城市最佳实践区增添新活力。

3.2 全球广场设计

3.2.1 主题

以“全球城市广场”的名称作为设计主题，以“可看、可思、可乐”作为设计理念，展示各参展城市主题及口号。

3.2.2　设计元素

"伞文化"在中国由来已久，以伞作为设计元素，将其遮蔽功能与国际化、全球化的意义相结合，深化发掘主题设计，将"伞"元素引申为"城市，提供人类庇护的场所"。另一方面，将伞的开启形式与灯笼的可折叠形态相结合，以成片或成组的形式出现，打造出丰富、可变的空间形态及场景。同时，伞膜上印制或灯光投影参展城市主题及口号，色彩的绚丽，令人愉悦；丰富的主题，引人思考。在主题体现上，以各参展城市命名各把伞，将城市名称及标志印在伞面上，参展主题即刻体现。

3.2.3　世博华盖主题观演区

世博华盖主题观演区由舞台和观演区两个部分组成，舞台位于由Y形主轴和三角形环路顶角为合成的水域中，舞台两侧波浪状高低起伏的地面构成层次丰富的广场空间供游人休憩，同时将车库入口、烟囱等地面构筑物与地景完美融合；散落在舞台两侧的数十只"伞"构成了这一区域的遮阳体系，"伞"被设计成开启和关闭的两种状态，"伞"开启时呈陀螺状，高低错落的伞阵宛若簇拥在广场四周的巨大"华盖"，构成丰富的天际线，同时形成两组趣味性的休闲空间，伞面上印刷的参展城市主题口号进一步强化了空间的主题。"伞"关闭时呈梭形，其内部的灯光在夜间将数十只巨伞演绎为一座景观灯阵，营造出极具传统意味的节日氛围。伞的开启与关闭赋予这个区域可变的空间形态，在满足遮阳和照明两种功能要求的同时，通过动态的方式对城市最佳实践区的主题进行了演绎。

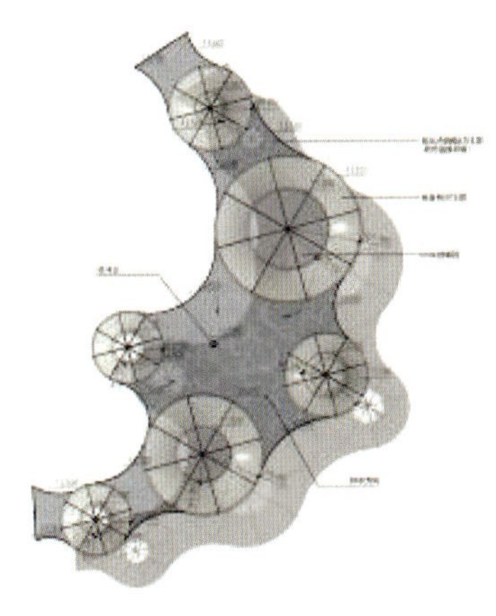

4 场地环境五大功能

4.1 展会导向专项——导

4.1.1 交通流线组织

该片区流线分为：主要交通流线、次要交通流线、馆间游览流线三级。南北向主要流线纵贯南、中、北三个区域，同时将主要核心景区串联。次要流线以枝状结构串联其上，无不干扰。

4.1.2 标识系统设计

一级节点标识系统主要提供园区内的道路标识，世博园区功能示意，园区的出入口等信息；二级节点标识系统将每个展区内容细分，介绍主要景点、集中餐饮地、商业中心，将展区内的各分馆名称、入口显示出来，提供各类服务信息；三级节点标识系统提供了世博会的管理机构、服务机构、次要广场、次要的景点信息，以及各类设施的名称。

4.1.3 人流引导辅助措施

措施一：志愿者引导，留用临时软性隔离设施组织人流。

措施二：通过铺装的色彩、方向、形式的变化，分隔通道空间与展览空间，隐性的限定人流的活动空间。

4.2 遮阳专项——遮

（1）场地遮阳率

规划中北部街区遮阳率规划为17.4%，南部全球广场遮阳率20.4%。

（2）大型固定遮阳膜

大型固定遮阳膜位于南部全球城市广场及北部模拟街区围合广场的全日照区域。

（3）绿化遮阳

绿化遮阳主要分布在主通道空间、各个展馆组团庭院空间及休憩空间。

（4）临时遮阳伞

临时遮阳伞主要分布于主通道空间和各个展馆组团入口等候空间。

4.3 降温专项——降

（1）降温雾森

根据场地降温雾森，适合设置在有一定遮荫的空间环境的特点，同时避免人流在主要通过性空间停留。城市最佳实践区选取雾森设施布置点6处。其中北部模拟街区四处，南部全球广场两处。

（2）移动式一体化设备

采用低压两相流喷雾技术，供电、供水系统与喷雾终端一体化集成在同一设备中，可根据人流集中情况、场地状况、气象条件变化等灵活布设和增减，最大限度实现人性化管理，设备和造型均可根据要求另行设计制造。

4.4 铺装专项——行

（1）临时广场地面

采用透水路面砖与混凝土结合运用同一种材料不同色彩的拼砌形成广场图案，供休憩草坡平台采用再生木材。

（2）永久广场地面

中部、北部街区地面采用花岗石、透水路面砖、透水车行路面材料相结合铺砌。少量建筑庭院休憩空间采用再生木材。

4.5 座椅专项——座

与服务设施、固定绿化结合的固定休憩设施，根据所结合设施的材料进行材料选用。主要包括木材、石材、室外工程塑料等。与移动遮阳设施移动绿化结合的移动休憩设施。对于休憩空间，根据空间性质加宽设计，增加休憩可能性通过性空间；对于通过性空间，采用收窄设计，减少停留时间。

7

绿色世博

节选自《中国2010 年上海世博会环境报告》

一　绿色世博的主题演绎

1　2010 年世博会的主题

1851年第一届伦敦世博会以来，已经先后举办了40多届世博会。自1933年第一届有主题的芝加哥世博会之后，世博会的主题变化映射出人类在认识自然、改造自然的过程中不断反思改进的思维轨迹。19世纪中后期的世博会主要展示工业革命成就，20 世纪前期则着重表现科技繁荣与呼吁和平，20世纪后期主题趋于多元，1974年举办了首次“国际环境博览会”，将环境问题作为主题。21世纪世博会的一个突出特点是展现进步的新道路，早期对经济发展的单纯追求已逐步被可持续发展理念所取代。汉诺威世博会把保护资源作为主题之一，顺应了时代的潮流。2005年日本爱知世博会更是以“自然的睿智”为主题，强调用智慧和技术将人类和自然疏远的关系重新连接起来。

2010年上海世博会的主题确定为“城市，让生活更美好”，是世博会历史上第一次将城市作为主题，旨在解决城市面临的各类问题以及如何平衡城市发展与环境保护之间的关系，表达了人类追求未来美好生活的共同愿望，体现了全球化进程中城市应承担的包括环境责任在内的历史责任，是对世博会环保理念的一次升华。而这一目标的实现需要各国人民在交流、合作、共存、互动中积极努力。

2　2010 年世博会的绿色演绎

2000 年，上海正式启动了2010年世博会的申办工作，提出了“城市，让生活更美好”的主题。可持续的城市发展模式、生活方式和良好的城市生态环境是“城市，让生活更美好”主题的重要内涵。为了努力把2010年世博会办成一届资源节约与环境友好的盛会，主办方进一步加快了上海的绿色进程，从全市环境保护的系统推进、世博会绿色理念的贯彻示范以及全社会生态文明意识提高和公众参与等方面来实践和演绎世博主题。

2.1　上海的环境保护战略和目标

按照《上海市城市总体规划》（1999～2020年）确定的“上海城市建设与发展要坚持全面、协调、可持续发展的科学发展观”和“把上海建设成为现代化国际大都市和国际经济、金融、贸易、航运中心之一”的战略目标，上海以举办2010年世博会为契机，进一步明确了2000～2010年的环境保护目标与任务，人力、物力、财力和政策高度聚焦，加快推进环境保护和生态建设，有力地促进了上海经济、社会与环境的协调发展。

2.1.1　战略思想

按照“建设生态文明”的要求，抓住世博契机，深入贯彻落实科学发展观和可持续发展战略，切实推进经济发展方式转变，探索特大型城市环境与经济社会协调发展道路，加快建设资源节约型、环境友好型城市。以节能减排和持续改善环境质量为核心，充分体现“以人为本、治本为先、城乡一体、争创一流”的工作思路和要求，以环保三年行动计划为平台，综合运用经济、法律、技术和必要的行政手段，持续加强污染全过程预防与控制，努力建成国家环境保护模范城市，以良好的生态环境为成功举办世博会创造条件。将可持续发展的先进理念贯穿到“城市，让生活更美好”的主题演绎中，努力办好一届环境友好的世博会。

2.1.2　目标与重点

（1）突出以人为本，优先解决市民最关心的环境问题。远近结合，突出重点，着力缓解当前突出的环境矛盾，保障饮用水安全，加强机动车、扬尘和噪声等污染控制，全市环境空气质量优良率力争达到90%以上；同时探索解决新的复合型污染问题，着力控制水体中氮、磷等污染和大气中氮氧化物、挥发性有机物等污染，让老百姓切身感受到环境质量的改善。

（2）突出治本为先，加快推进发展方式转变和加强污染源头控制。进一步完善经济和环境协调发展机制，把节能减排作为推动发展方式转变的重要措施和突破口，全市完成“十一五”节能减排目标，万元生产总值综合能耗比2005年下降20%左右，二氧化硫和化学需氧量在2005年基础上分别削减26%和15%；大力发展循环经济，严格实施环境影响评价制度，从规划和决策源头预防污染。

（3）突出城乡一体，更加注重郊区污染整治和生态建设。城郊并举，重在郊区，把郊区环境保护和生态建设放在更加重要的位置，逐步缩小城乡环境差异。着力完善环境基础设施，全市污水处理率达到80%以上，生活垃圾无害化处理率达到85%，危险废物得到全面安全处置；加强绿化建设与生态保护，建成区绿化覆盖率达到38%，人均公共绿地面积达到13m^2。

（4）突出管理创新，更加注重运用法律、经济、技术手段解决环境问题。从法制、政策上规范引导环境行为，依靠市场机制、科技进步和必要的行政手段推进环境保护；强调全社会共同承担环保责任，引导市民自觉保护环境。

2.1.3 推进平台与措施

上海市政府把环保三年行动计划作为推进城市绿色进程的重要平台，将节能减排、创建国家环境保护模范城市、迎世博600天行动计划环境整治等重点环保工作都依托这个平台予以推进。2000年以来，上海以2010年世博会为契机，已连续实施了三轮环保三年行动计划，取得了明显成效，大大加快了建设资源节约型、环境友好型城市的步伐。目前，第四轮环保三年行动计划也已正式出台，并于2009年初启动实施。

第一轮环保三年行动计划（2000～2002年）。实施了5大重点领域共110个项目，有效缓解了面上的河道污染、污水直排、生活垃圾污染等环境问题，并加快了绿化建设和重污染地区整治。

第二轮环保三年行动计划（2003～2005年）。在主要目标中专门提出了“为承办2010 年世博会奠定良好的环境基础”。在第一轮的基础上，增加了“农业生态环境保护与建设”重点领域。实施了六大领域共289个项目，重点提高了污水和垃圾处理设施能力，加快了城市绿化建设，完成了吴淞和桃浦工业区整治等。

第三轮环保三年行动计划（2006～2008年）。设置了6大重点领域共252个项目，加快还清环境污染历史欠账。进一步提高了环境基础设施能力，推进了黑臭河道整治，煤烟型、扬尘和机动车污染控制，吴泾工业区整治和保留工业区污水纳管等。同时，把建设资源节约、环境友好的世博园区列为重点任务之一。

2009～2011年，实施第四轮环保三年行动计划。本轮计划安排了七大领域任务，在前三轮的基础上，把“循环经济和清洁生产”作为一个重点领域，并增加了噪声污染控制等新内容。整个计划共安排260个项目，预计投入820多亿元。重点是进一步完善和提高污水治理、生活垃圾处理等环境基础设施的能力和水平，着力缓解机动车、扬尘、河道、噪声污染及工业区、农村环境等市民最关心的问题，着手控制臭氧、灰霾、水体富营养化等环境问题，更加突出污染源头预防和环境管理机制政策创新。

3 2010 年世博会的绿色理念

在2010 年世博会的筹备和举办过程中，主办方将可持续发展思想贯穿到“城市，让生活更美好”的主题演绎中，突出“人，城市，地球”三大系统的和谐相处，强调环境变化中的城市责任，积极推广和使用资源节约、环境友好的先进环保节能技术，努力办成一届环境友好的世博会，使之成为城市可持续发展的典范。

（1）注重世博会选址规划的可持续性。2010年上海世博会选址在城市中心的黄浦江两岸区域，很好地体现了“城市，让生活更美好”主题。黄浦江是上海的母亲河，黄浦江两岸有着醇厚的历史文化底蕴和景观资源，也是上海城市发展与改造的重点地区。世博会的举办，加快了城市旧区改造的进程，该地区通过旧居住区和码头的拆除以及污染企业的关闭、搬迁，使之成为重要的景观区和生态走廊，城市功能布局和产业结构得到进一步优化。

（2）注重全过程的环境管理。主办方对世博会召开可能引起的环境影响进行了充分的考虑，建立了环境管理制度，落实责任和分工。规划前期开展了环境影响评价工作，筹备过程中发布了绿色指南，启动了环境质量保障计划，尽可能将环境影响减至最小。世博园区内饮用水100%达到直饮水标准，绿地总面积超过100万m^2，生物栖息地斑块合理布局，生态廊道贯穿园区。

（3）注重先进环保节能技术的开发、应用与展示。围绕世博会的建设、能源、环境、运营、展示及安全等六大领域，国家科技部牵头开展科技攻关，推广绿色交通、绿色能源、绿色建筑、绿色工程、绿色办公，提高资源和能源利用效率，减少废物排放，并通过专题展馆展示新能源的技术与理念。世博园区内清洁能源使用比例达到50%以上，公共交通实现“零排放”，污水全部收集处理，雨污水综合利用率达到30%，工程建筑废弃物和垃圾回收率达到100%，资源化利用率达到50%以上。

（4）注重世博会场地和设施的后续利用。世博会结束后，该区域的总体定位是城市的文化展览中心、滨江居住区以及生态景观走廊。园区内的永久建筑将作为展览馆、文化演出场所等予以保留；临时建筑拆除后部分将建设新型的生态居住区。

（5）积极应对全球气候变化，履行城市责任。响应国际社会关于低碳发展和保护臭氧层等倡议，积极减少碳排放和消耗臭氧层物质的使用。

（6）注重世博会环境合作，鼓励公众参与。与联合国环境规划署等国际组织、世界各国政府、非政府组织、企业等各方面开展广泛的环境合作，吸收先进的环保理念和技术，开展形式多样的保护环境活动，营造良好的绿色氛围。

二　绿色世博的实践

1　绿色能源与节能技术

城市的发展越来越受到能源短缺的限制，2010年世博会积极探索新能源技术和节能技术，并转化为实践应用，为城市未来的能源战略和能源结构调整提供借鉴。

1.1　太阳能利用

世博园区内，大规模采用了太阳能光伏发电技术。中国馆、主题馆、世博中心、南市发电厂等主要场馆设施以及部分国家的自建馆，在屋顶和玻璃幕墙上都安装了大量的太阳能电池，总装机容量超过4.68兆瓦，并将实现与上海主电网并网发电。其中，主题馆将建成为目前国内最大的太阳能光伏一体化单体建筑。

同时，世博园区内的路灯、草坪灯、公园照明等，也将大量使用太阳能照明技术。此外，部分场馆还采用了太阳能热水系统。

1.2　节能空调技术

世博园区的建筑大量运用了各类节能空调技术，包括分布式供能燃气空调、冰蓄冷空调以及江水源/地源热泵等，有效降低了空调的能源消耗。

1.2.1　分布式供能燃气空调

世博园区分布式供能燃气空调（非电空调）主要应用在浦西的A、B、C 地块和浦东的部分场馆，总数量为44台，其中浦西31台，浦东13台。非电空调不以常规的电力为能源，可以大幅度

世博园区内主要建筑的太阳能应用情况及预期效益

应用场馆	应用规模（兆瓦）	年发电量（万度）	年减少标煤（吨）	年减排二氧化碳（吨）
主题馆	2.825	250	893	2375
中国馆	0.302	30	107	285
世博中心	1.04	100	357	950
南市发电厂	0.52	50	179	476
合计	4.687	430	1536	4086

说明：1、2007年，全国供电煤耗为357克标准煤/千瓦时；
2、据估算，燃烧1t标准煤，排放二氧化碳约为2.66t。

削减电力投资；同时，更具有削减夏季峰值电力的作用，弥补夏季燃气低谷的综合经济效益。非电空调的一体化机组极为紧凑，占地不足常规中央空调的一半；冷却泵、冷却塔风机可以变频控制调节，有效减少能耗，与常规的用电空调相比，运行半年时间可减排二氧化碳约4万t。同时，世博园区内使用的非电空调不采用氟利昂或其替代物，运行时不会产生有害气体和消耗臭氧层物质。

1.2.2　冰蓄冷空调

中国馆、世博中心与演艺中心等都将采用冰蓄冷空调系统，充分利用低谷电力负荷，有效降低能源消耗。冰蓄冷空调系统比传统空调增加了一套蓄冷设备，而制冷系统及空调箱循环风系统与传统空调基本一致。冰蓄冷空调主要利用水的显热或水、冰相变过程的潜热迁移等特性，充分利用电网低谷电开机蓄冷，在电网用电高峰时段释放冷量，以缓和电网峰段的电力供需矛盾，达到“移峰填谷”的目的。

1.2.3 江水源/地源热泵

世博园区内部分建筑将采用江水源热泵和地源热泵，如世博轴及地下综合体工程以及演艺中心、世博中心、城市最佳实践区等。这些建筑利用靠近黄浦江的优势，引入黄浦江的江水作为空调系统的冷热源，使夏季室外三十多摄氏度的热气，经过黄浦江水稍作冷却后再通过空调进入室内，来营造舒适宜人的室内环境。

江水源热泵的主要功能是从地表水或地下水等自然水体中获取能量用于供冷供热。它在夏季将建筑物中的热量转移到水源中，而在冬季则从水源中获取能量，由热泵原理通过载冷剂提升温度后送到建筑物中。地源热泵则是一种利用地下浅层地热资源，既可供热又可制冷的高效节能空调系统。采用江水源热泵，在冬季，其制热效率比一般燃油燃气方式高，预计可节约费用30%左右；在夏季，用江水作为冷却水，由于水温一般低2~3℃，可以使制冷效率提高7%左右。

1.3 绿色照明技术

世博园区内的景观照明将大量使用半导体照明技术，以节约能源。特别是在城市最佳实践区内，将集中使用半导体照明，成为整个区域照明的主体；园区的广场照明、沿江景观带、标识与智能导引系统、场馆部分室内外灯光等也都将应用半导体照明技术。同时，作为重要参观内容的夜景照明，也将采用各种新型的节能照明工具。

1.4 控温降温技术

2010 年世博会的举办期为5~10月，是上海气温最高的月份，尤其7、8、9三个月份是上海的酷暑季节。世博园区内综合考虑了控温降温的措施，包括架空部分建筑底部，设计自然风场；结合高架步道的规划布局，设计遮阳系统；结合绿地系统规划，考虑绿化降温效应。此外，还采用了控温降温材料、水体降温技术和地下空间地道风等，大幅度提高世博园区参观者的舒适性。

2 节水与雨水回用技术

尽管上海地区水资源量充沛，世博园区也临江滨水，但为了减少水资源消耗，减少污水排放量，主办方注重源头节水，并设计了雨水回用系统。

2.1 节约用水

世博会的场馆设施充分考虑了节约用水的要求，采用了大量节水设施，包括节水型卫生洁具、节水型绿化灌溉设施。同时，园区内将大量采用透水地面，减少外排至城市雨水管网的径流量和径流污染。

2.2 雨水回用系统

世博会核心区域的世博中心、演艺中心、主题馆、中国馆等四大永久场馆和世博轴，都将建设屋面雨水利用系统，对雨水加以收集利用。世博园区内的一般生活用水，部分将由经过处理后达到回用标准的雨水承担；另外还有一部分则由经过处理后达标的黄浦江水作为补充，预计可节约自来水约100多万立方米。

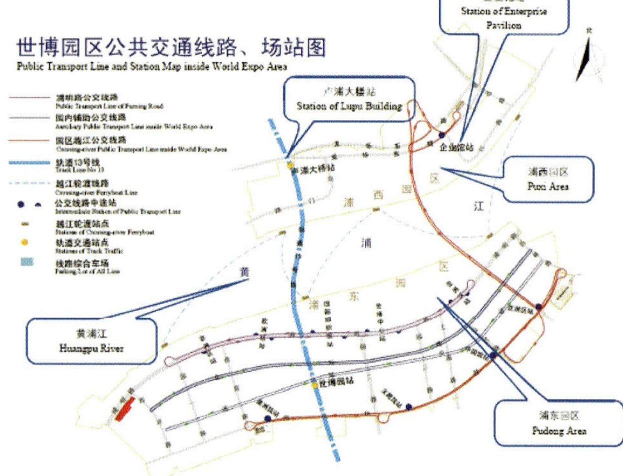

世博园区公共交通线路、场站图

3 公共交通与绿色交通工具

2010年世博会预计将有7000万人次到访，届时交通流量将有大幅增加。为减少由此带来的环境影响，上海积极完善全市的公共交通网络，设置世博园区专用站点，鼓励公众减少使用私家车。同时，在世博园区内要求实现公共交通“零排放”，尝试了大量使用清洁能源的交通工具。

3.1 公共交通网络

到世博会举办之前，上海将建成轨道交通约400 km，基本建成300 km公交专用道，并建设84个公交客运枢纽，使公共交通之间的衔接和换乘更为便捷。世博园区的公共交通将以轨道交通为主体，地面公交为基础，越江轮渡为补充，分别承担50%、35%和10%左右的客流，将设置轨道交通13号线作为世博专用线，还将配套5条轮渡航线和4条地面公交线路。

同时，世博园区周边将建设多个停车场，专供市内公交、长途客运大巴和世博专用车辆停放。停车场的建设过程中，将贯彻生态环保的要求，部分采用光触媒技术降解汽车尾气排放的污染物。

3.2 绿色交通工具

上海世博会设定了“园区交通零排放，周边区域低排放”的目标，园区内将根据运行要求设置多条清洁能源汽车线路，并且

世博园区内与园区周边清洁能源汽车应用情况

应用范围	车辆用途	车型	数量	行驶里程
世博园区内	公共交通	超级电容车	36	≥250km/天
		燃料电池大巴	6	
		纯电动客车	120	
	观光车	氢燃料电池车	100	约180km/天
	工作用车	纯电动车	150	
世博园区周边	公共交通	混合动力车等	500	

各类我国自行研制开发的清洁能源汽车也将得到广泛的实际应用。清洁能源汽车总数预计将超过1000辆，其中世博园区内以及相关接驳车辆包括零排放的超级电容车、燃料电池车、纯电动车总量约为500辆，园区周边包括混合动力车在内的低排放车辆约为500辆。这些清洁能源汽车的使用，有效地减少汽车尾气排放，促进园区环境质量的改善，倡导了节能减排的环保理念。

4 绿色建筑

4.1 环保建材

尽管木材是一种无污染、低能耗、易加工、可再利用和可再生的绿色材料，但需要足够的耗材资源，而中国作为森林资源贫乏的国家，在世博园区的建设过程中无法大量运用木材，但同时也对有限使用的木材也制定了相应的采购要求。此外，主办方积极探索其他各种绿色建材，如支持相变储能建筑材料、热（冷）辐射型新型墙体材料、自调温功能建筑材料、太阳能利用建筑材料、智能型隔热保温玻璃等建筑节能/储能型材料、湿度自调节建筑材料、建筑吸波材料等。

由于世博会的展馆中一部分是临时建筑，后续将被拆除，因此主办方十分注重建筑结构便于施工与拆除，所用的建筑与装修材料能够回收并再次利用，减少临时场馆拆除后的建筑垃圾。

在材料选用方面，主办方重点突出循环利用和环保理念，采用再生木（塑木）、玻璃纤维板（GRC 板）、透水地面、塑料排水检查井等再生和可再生材料。临时建筑很少采用不可再利用的混凝土和砖石等材料，而是主要采用钢铁、玻璃等可再利用、易于预制和装配的材料，便于拆除后进行系统收集和再利用。

4.2 绿色建筑

世博园区内的展馆建设都将考虑绿色建筑的有关标准，包括节能、节地、节水、节材与环境保护等方面。如世博园区内的永久馆，都是按照绿色建筑的要求进行设计和建造的，其中世博中心是我国首批获得“三星级绿色建筑设计评价标识”的项目之一，目前正在申请美国USGBC LEEDNC2.2金奖标准。

此外，为了探索未来生态建筑的发展方向，主办方通过将建筑生态技术及节能技术有机地整合，在城市最佳实践区内展示了15个来自世界各国的实物建筑案例，其中包括了代表2030年前后绿色建筑水平的示范案例——“沪上·生态家”。

5 绿化景观与生态保护

5.1 绿地系统布局与特色

在世博园区的总体规划中，黄浦江从世博园区中贯穿而过，是园区开放空间的核心。围栏区的开放空间和绿地包括黄浦江两岸的滨江绿洲和世博轴、主题公园、滨江绿带、楔形绿地、世博广场和多个广场以及景观步廊，形成连续的空间网络，贯穿渗透在各个片区。这些绿带和湿地将通向黄浦江的滨水地带，连接各个出入口，发挥步行通道、集聚场所、景观标志和生态廊道等多种作用。

世博园区的绿地系统注重自然与人文的结合，重点突出三大特色，即完善生态功能、提高景观多样性、延续文化特征并赋予新的内涵。园区内绿地总面积将超过100 万m^2、包含湿地净化系统的公园和其他绿化设施。在布局上，绿地系统与黄浦江沿岸公共空间、展馆布置以及世博会周边环境相结合，在世博会围栏区内外主入口附近还将设置大型带状绿地作为应急缓冲区。

世博园区绿地系统的三大特色：世博园区绿地系统形成了“一核一轴两带多楔”的结构，园区绿化将为改善生态环境，创造自然、丰富的景观起到重要作用。

5.1.1 完善生态功能

世博园区的绿地面积将超过100 万m^2，园区生态功能在用地上将得到保证。会展期间，炎热的夏季约占2/3的时间，较高的绿化覆盖率将为园区提供舒适宜人的参观和休闲环境。园区绿化以乔木为主体，构建地带性植物群落，以提高城市绿地的生态功能，缓解城市热岛效应，改善城市环境质量。此外，通过保护现有湿地和营造人工湿地，为动物和微生物提供栖息地，保护城市人工环境条件下的生物多样性。同时，有针对性地选择和利用植物逐步改善原工业用地的土壤性质，对园区内一些地块形成的较具规模或特色的植物资源，予以保护和利用。

5.1.2 提高景观多样性

世博园区针对不同的区域采用多种景观设计手法。滨江公园在黄浦江两岸采取不同的处理手段：浦东部分突出体现生态理念和人性化理念，以几何式与自然式相结合的布局，沿江设步行道路系统，满足游人的亲水需求；浦西部分作为反映场所历史的工业遗址公园，保留船坞的条带状布局肌理。世博大道采用极简主义设计手法，利用绿和水的组合，营造简洁而富有韵律感的景观，同时可以满足世博大道举行各种活动的需要。场馆绿化则结合场馆建筑，以引进不同国家植物为特色，体现出多元化的景观和风格。广场绿化以落叶乔木为主，以提高广场的绿化覆盖率。

5.1.3 延续文化特征，赋予新的内涵

世博园区通过保留城市的历史痕迹来延续场所文脉，丰富世博园区环境的文化内涵。浦西滨江公园保留了江南造船厂船坞等优秀历史建筑及现状植物，体现城市的历史文脉和场所精神，浦西滨江公园与浦东滨江公园以迥然不同的形式讲述黄浦江的发展史，构成城市过去与未来的对话。世博大道采用中国的“活化石”——银杏作为行道树，体现中国植物特色；将“岁寒三友”等借物言志的植物文化作为点睛之笔加以运用，体现中国传统文化。世搏园区还充分体现“海纳百川”的城市文化特性，以多个不同内容主题园作为园区的环境特色。

中国2010年上海世博会控制性详细规划·绿地系统规划图

5.2 世博公园

世博公园北临黄浦江、南至浦明路，总面积约23hm²，与世博中心、世博轴、演艺中心等紧密结合，构成了世博园区内滨江的核心景观区域。公园采用“扇”与“滩”两大独特的设计理念，“扇面”如同中国传统折扇，设置独特的乔木引风林作为“扇子”的“骨架”；而“滩”则是利用丰富的地被植物、蜿蜒的溪流与道路，构成“扇面”上立体的中国水墨山水画。为满足世博期间的遮荫覆盖率，公园乔木总量近5000 株。在优先选用本地适生树种的前提下，也选种一些适合本土气候环境的特殊树种用作科教展示，如东方杉等。此外，在公园中运用了7项新的生态技术，包括雾喷降温技术、资源型生态透水路面、植物改良修复土壤技术、耐践踏草坪、生态绿屏、屋顶景观绿化以及生态水处理技术。

5.3 后滩公园

后滩公园地处浦东原后滩地区，濒临黄浦江，是世博园区的核心绿地之一，总面积约13.9hm²。该公园将以“双滩谐生”为结构媒介，通过湿地、土壤和动植物群落等的保护与恢复，重现有浓郁地域特色的城市湿地公园景观。“双滩”指外水滩地和内水滩地。外水滩地主要是指原生湿地和与黄浦江直接相邻场地的恢复湿地，通过改造，将形成抵御风暴潮的天然屏障，降低洪水风险；而且强化湿地的生物净化功能，缓解黄浦江的水质污染。内水滩地主要是指场地中部的人工湿地，将起到自然栖息地、净化水体、生态保育和科普教育等功能。

5.4 白莲泾公园

白莲泾公园位于世博园区浦东段北侧，北接黄浦江、南至雪野路桥，西起“世博公园”，东接世博村及配套设施，总面积约12hm²。设计理念——“漾”，主要象征着一种冲击后的逐渐平静、一种破碎后的有机整理、一种缝隙中的从容生长。对白莲泾进行景观生态修复，是上海世博会生态建设的一项重要任务。通过实施景观生态修复工程，将改善河道水体水质，逐步恢复水生生态功能，形成多彩的水陆一体景观。

6 “一轴四馆”的绿色理念与技术

6.1 世博轴

世博轴及地下综合体集商业、交通功能于一体，是上海世博会园区内最大的单体项目，总建筑面积约25万m²。世博轴采用阳光谷自然采光、江水源热泵等技术，实现节约资源、环境友好的建设目标。

（1）“阳光谷”自然采光。世博轴上6个巨型杯状玻璃幕墙结构从屋顶贯通至地下二层，将地面阳光带入地下一层和二层，实现主动采光、自然通风和雨水收集功能，有效节约能源。同时提高地下空间的视线可达性，便于游客在地下识别方位。

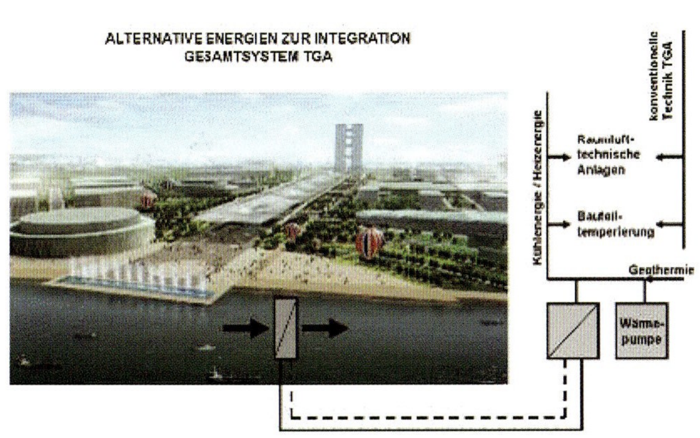

江水源热泵示意图

（2）索膜结构有效遮阳。世博轴跨度为98m、长度达833米的屋面膜覆盖，实现了遮阳、节材、雨水收集的功能。

（3）江水源/地源热泵调控室温。世博轴空调系统完全采用江水源和地源热泵系统，年制冷量分别达到17400 千瓦和11400千瓦，大约相当于少用标煤735吨，预计可减少二氧化碳排放量1955吨。

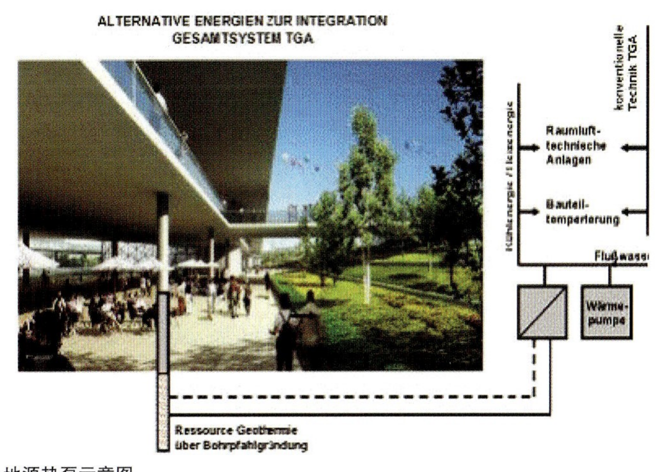

地源热泵示意图

世博轴绿色节能环保技术应用一览表

序号	类别	技术名称	实施规模	环保节能效益
1	节水与水资源利用	雨水控制及利用技术	屋面布置，日处理能力515t	减少外排至城市雨水管网的径流量和径流污染节水率达到50% 以上
		节水型卫生洁具及配件	所有卫生洁具及配件	有效节水
2	清洁能源和可再生能源利用	太阳能路灯	南广场路灯	节能环保
		江水源热泵	制冷量17400 kW	年节约标煤490 t年减排二氧化碳1303t
		地源热泵	制冷量11400 kW	年节约标煤245t年减排二氧化碳652t
3	电气节能	智能照明控制系统		节省大空间照明电能20%
		变频水泵供水技术	生活杂用水泵、江水源取水泵及空调水泵	有效节能
4	空调节能	全热回收	空调新风系统	有效节能
5	环境控制	喷雾降温系统	10 m平台安检	有效降温，减少能源消耗
		空气净化装置	地下二层安检区	净化空气

6.2 中国馆

上海世博会中国馆位于世博会规划核心区，处于世博会园区浦东区域主入口的突出位置，总建筑面积达16.01万m^2，是世博园区“一轴四馆”永久性建筑中的制高点。在世博会举办期间，中国馆是上海世博会主题演绎的主要展示区和重要载体。

（1）建筑节能。在建筑设计上，中国馆斗冠部分层层出挑的造型，自遮阳体形大大减少热量进入室内，减少空调消耗。采用了超白透明玻璃，加大透光率，减少玻璃对周边环境的反射污染；同时，玻璃幕墙采用中空双层玻璃，保温隔热。在地区馆外立面的内外两层之间设置气候缓冲层，冬季白天阳光经过外层的玻璃射入气候缓冲层，气候缓冲层上部通风窗关闭，层内温度被加热，夜间热惰性蓄热墙体向室内散发热量，降低采暖能耗；夏季白天气候缓冲层上部和下部通风窗开启，气候缓冲层内产生空气对流，带走内层墙体表面因太阳辐射而产生的热量，降低墙体表面温度。中国馆的建筑能耗预计比传统建筑降低25%以上。

（2）太阳能利用。中国馆屋面铺设了新型太阳能发电装置，装机容量达0.302兆瓦，年发电量30万度，大约相当于少用107t标准煤，预计可减少二氧化碳排放量285t。

（3）雨水利用。中国馆还设计了雨水的收集系统，可以收集雨水进行浇灌、道路冲洗，实现雨水的循环利用。

（4）生态绿化。中国馆总体绿化布置分为多个层面，包括地面绿化、13m平台地区馆屋顶绿化以及国家馆屋顶绿化。同时，引入小规模人工湿地技术，利用人工湿地的自净能力，改善局部环境。

中国馆绿色节能环保技术应用一览表

序号	类别	技术名称	实施规模	环保节能效益
1	节水与水资源利用	雨水控制及利用系统	屋顶布置	减少外排至城市雨水管网的径流量和径流污染 回用于绿化浇灌、道路冲洗
		节水型卫生洁具及配件	所有卫生洁具及配件	有效节水
2	清洁能源和可再生能源利用	太阳能光伏发电	装机容量0.302兆瓦	年节约标煤107t年减排二氧化碳285t
3	建筑节能	造型层层出挑	国家馆斗冠	比建筑传统模式降低25% 以上
		双层玻璃中空幕墙	地区馆外立面	
4	空调节能	冰蓄冷空调	14个蓄冰槽	移峰填谷，提高能源利用效率
5	建筑设备节能	节能电梯	所有电梯	有效节能
6	节地	透水地面	广场	减少暴雨径流
7	环境控制	垃圾气力输送系统	园区内	清运及时，保证环境卫生
8	建筑绿化	屋顶花园	国家馆和地区馆屋顶	保温隔热，美化景观

6.3 主题馆

主题馆位于世博轴西侧，是世博会的永久性场馆之一，总建筑面积约12.9万m^2。主题馆在世博会期间将承担演绎、展示主题的重任，着重反映当今世界快速城市化和城市人口加速增长的背景下，地球、城市、人三个有机系统之间的关联和互动，揭示如何创造更美好的城市和更美好的生活。

（1）自然采光，通风节能。主题馆在造型上运用了独具上海特色的“弄堂”、“老虎窗”等元素，在屋面上设计了一定比例的天窗作为展厅中部的自然采光；在空间格局上，展馆布置南北通透，尽量利用自然采光通风。而且，侧采光天窗上还设计了部分开启扇，增加自然通风的作用，达到良好的节能效果。主题馆大尺度的挑檐，用于遮挡夏季阳光的直射，起到节能的效果。主题馆展览空间体量巨大，其空调设计根据使用需求和功能分区采用不同的空调系统，对常年使用的部分办公用房设置独立冷热源的小系统，以减少运行管理的成本；同时将大展厅空调系统分组布置，可以灵活分隔为小展厅使用。

（2）太阳能屋面，功效显著。主题馆屋面大面积太阳能发电装置，总装机容量约2.825兆瓦，是目前国内最大的单体建筑太阳能屋面。太阳能板面积达3万m^2，年发电量大约250万度，大约相当于少用893t标准煤，预计可减少二氧化碳排放量2374t。

（3）屋面造型特殊，便于汇水。老虎窗的屋面造型变化将原本大尺度的屋面划分成中等尺度的汇水面积，每个向下弯折的屋面形成坡屋顶，屋顶引导雨水进入多斗制排水天沟。经雨水收集和处理设备过滤、沉淀，改善了雨水的品质，可用于场地绿化的灌溉或景观用水，也可用于冲洗便器。

（4）生态绿墙，保温隔热。除了南北广场上超过3万m^2的平面绿化外，主题馆东西两侧外墙上在墙体材料外侧设计了共约4000m^2立体生态绿化墙面，为目前世界最大的待建生态墙。在夏季，生态墙可阻隔热辐射，并使外墙附近的温度降低；在冬季，生态墙既不影响墙面吸收太阳辐射热量，同时可以起到保温层的作用，使周围的风速降低，延长外墙的使用寿命。

主题馆绿色节能环保技术应用一览表

序号	类别	技术名称	实施规模	环保节能效益
1	节水与水资源利用	雨水控制及利用系统	屋面布置，与垂直绿化幕墙一体化运用	减少外排至城市雨水管网的径流量和径流污染回用于绿化浇灌、道路冲洗
2	清洁能源和可再生能源利用	太阳能光伏发电技术	与建筑装饰一体化，装机容量2.825兆瓦	年节约标煤893t年减排二氧化碳2374t
3	建筑节能	双层节能幕墙	外立面幕墙	保温隔热
		建筑外遮阳	屋面大挑檐	遮阳隔热
		自然通风幕墙	通风排烟综合处理	自然通风
		屋面天窗	大跨度采光天窗	自然采光
4	电气节能	节能高光效荧光灯	景观照明、普通照明	有效节能
		LED 灯		
		智能疏散指示灯		
5	空调节能	离心式冷水机组变频运行		有效节能
		新风全热回收技术	空调新风系统	
6	节地	透水地面	透水砖、透水沥青路面	减少暴雨径流
7	环境控制	垃圾气力输送	园区	清运及时，保证环境卫生
		配备过滤器	空调系统	净化空气
8	建筑绿化	垂直生态绿化幕墙	约4000 m^2	保温隔热，美化景观

6.4 世博中心

世博中心位于黄浦江南岸围栏区的滨江绿地内，将承担世博会运营指挥中心、庆典会议中心、新闻中心、论坛活动中心等功能，总建筑面积为14.2万m^2。世博中心通过大量新能源、新技术、新材料的广泛使用和生态环境等方面的优化安排，将实现可持续的运营和使用。

（1）绿色建筑的示范。2008年8月4日，世博中心已率先获得中国绿色建筑最高级认证——国家建设部首批“三星级绿色建筑设计评价标识”证书。世博中心也是世博会有史以来第一个申请美国USGBC LEEDNC2.2金奖标准的世博会建筑，也是已获奖和正在申请的建筑中体积最大的公共建筑。世博中心的总能耗低于国家节能标准规定值的80%，建筑节能率达到62.8%，预计每年可节约2160t标准煤；屋顶绿化面积比例可达52%以上，可再生利用的建筑材料使用率大于5%。

（2）太阳能利用。世博中心太阳能光伏发电量大于建筑用电量的3%，太阳能热水量占年生活热水量的52%。其中，世博中心屋顶铺设了太阳能发电装置，总装机容量为1.04兆瓦，年平均发电量约为100万度，大约相当于少用357吨标准煤，预计可减少二氧化碳排放量950 t。

（3）自然采光技术。世博中心的大空间会议厅，采用玻璃顶采光系统引入自然光，起到自然光照明、隔热、热力辐射等作用。

（4）节水技术。世博中心采用了各种节水技术，包括雨水利用系统、杂用水收集利用系统、程控型绿地微灌系统以及节水卫生洁具及配件的使用等，年节约自来水可达16万t，约占年用水量的76.7%。

世博中心绿色节能环保技术应用一览表

序号	类别	技术名称	实施规模	环保节能效益
1	节水与水资源利用	雨水控制及利用系统	屋面布置，收集利用雨水量约占年用水量的14% 以上	减少外排至城市雨水管网的径流量和径流污染年平均可回收雨水量约为3万t
		节水型卫生洁具及配件	所有卫生洁具及配件	有效节水
		杂用水收集利用系统	约占年用水量的58% 以上	年平均杂用水利用量约为12.3万t
		程控型绿地微灌系统	绿地灌溉	比地面漫灌省水50%~70% 比喷灌省水15%~20%
2	清洁能源和可再生能源利用	太阳能光伏发电技术	装机容量1.04兆瓦	年节约标煤357t 年减排二氧化碳950t
		短期蓄热集中太阳能热水系统		年节约标煤约58.5t 年减少二氧化碳155.6t
		江水源热泵	制冷量约35510 W	年节约标煤约1000t 减少二氧化碳2660t
3	建筑节能	可开启窗幕墙		自然通风
		均衡热工幕墙		有效节能
		可调节外遮阳	建筑外檐	有效隔热
4	电气节能	LED 灯具	景观照明	有效节能
		新风需求控制技术	空调系统	
		节能电梯	所有电梯	
		变频调速水泵		
		锅炉尾部加设节能器		
5	空调节能	冰蓄冷空调		移峰填谷，提高能源利用效率
6	节地节材	钢结构	地上主体建筑结构	可循环利用
		幕墙玻璃		可回收利用
		绿色环保建材	装修用料	减少室内污染
		透水地面	室外透水地面面积比 > 40%	减少暴雨径流
7	环境控制	垃圾气力输送系统	园区	清运及时，保证环境卫生
		二氧化碳检测功能	空气净化及新风系统	保证室内空气清新
8	建筑绿化	大面积屋顶景观绿化	占屋顶面积的52%	保温隔热，美化景观

6.5 演艺中心

世博演艺中心位于世博园区东南端，在世博轴以东，总建筑面积约为8万m^2。演艺中心将承担各类大型演出和活动，满足世博会大型文艺演出需求。世博演艺中心的设计采用多种创新的建筑技术，体现节能环保理念，使演艺中心成为一座绿色建筑。

（1）外观新颖节能。演绎中心的碟形外观，立面简洁，体型系数小，从设计体型上减少了空调的负荷与能耗，从而降低了整个建筑的能耗。主体部分采用悬挑结构，实现外遮阳效果。采用性能优良的建筑外围护结构（屋面采用铝板及保温层，外墙采用外保温，玻璃幕墙采用中空玻璃），配合屋顶绿化，保温性能更好。上壳局部采用玻璃天窗，充分利用自然光，节约照明能耗。演艺中心大面积采用LED 灯光进行屋盖照明等，发电效率高，并且耗电量少，节能环保。

（2）冰蓄冷技术。根据空调峰谷负荷特性，演艺中心采用冰蓄冷空调技术减少主机装机容量，即在夜间制冰蓄冷，移峰填谷，节能运行。部分空调系统设置热回收装置充分利用排风中的热能。夏季空调部分排风（温度较低）作为冷却塔进风，提高冷却效率。

（3）自然通风与风力发电。建筑体的玻璃结构设计成可以打开，白天可实现自然通风；而在夜晚，由于室外湿度上升，建筑物保持关闭状态，避免室内冷凝现象发生。另外，风力发电机将以动态雕塑的形态，设计在广场上，提供附加的能源。

（4）节水技术。演艺中心采用节水系统、节水器具和设备，并加强雨水利用，将空调凝结水与屋面雨水收集、处理，用作道路冲洗和绿化浇灌用水，并尽可能通过绿地和采用渗水材料铺装的路面、广场、停车场等进行雨水的自然蓄渗回灌。同时，采用程控型绿地喷灌或滴灌等节水灌溉技术，提高水资源利用效率。

演艺中心绿色节能环保技术应用一览表

序号	类别	技术名称	实施规模	环保节能效益
1	节水与水资源利用	雨水控制及利用系统	屋面布置	减少外排至城市雨水管网的径流量和径流污染回用于绿化浇灌、道路冲洗
		绿化喷灌	绿地系统	比地面漫灌省水40%~60%
		节水型卫生洁具及配件	所有卫生洁具及配件	有效节水
2	清洁能源和可再生能源利用	太阳能路灯	道路广场	节能环保
		江水源热泵系统		制冷效率提高7%左右
3	建筑节能	碟形外观设计	建筑整体	减少空调负荷，降低能耗
		悬挑结构	建筑外檐	实现外遮阳
		外围保温	屋顶、外墙、玻璃幕墙	保温节能
		屋顶天窗	建筑屋顶	自然采光
4	电气节能	LED 照明技术	泛光照明	有效节能
		空调全热回收	空调新风系统	有效节能
		燃气锅炉		热效率≥89%
5	空调节能	冰蓄冷空调		移峰填谷，提高能源利用效率

7 城市最佳实践区的绿色理念与实践

为了更好地演绎“城市，让生活更美好”的主题，2010 年世博会特别设置了城市最佳实践区，首次使城市能够直接参与世博会，这是世博会历史上的一个创举。城市最佳实践区既是展区，其本身也是体现城市最佳实践精神的一个展品。区域内将集中地展示、交流和推广在全球范围内具有国际声誉、创新意义和示范价值的城市最佳案例，对世界城市的未来发展将产生非常重要的影响。2008年3月20日，国际遴选委员会第三次会议从108个有效申报案例中遴选出了59个参展案例，涉及世界各大洲的28个国家和54个城市。与此同时，城市最佳实践区在街区规划、工业遗产利用和环境设计等方面充分体现新理念、新技术、新材料和新工艺，将成为体现城市最佳实践精神的改造范例。

在城市最佳实践区内，相当一部分的工业建筑将被保留，并进行功能化、时尚化、生态化和节能化的改造，不仅成为世博会的各种展馆，而且是工业遗产再生的创新实践。在城市最佳实践区的北部，作为实物参展案例的建筑物、开放空间、交通方式和照明设施等建成环境元素被有机地整合成为一个模拟街区，完整地体现了可持续发展的规划理念，包括混合用途、紧凑形态、公共空间主导、非机动化交通方式、充分利用既有的建筑和设施等。

7.1 南市发电厂综合改造

南市发电厂始建于1897年，是中国人自己经营最早、影响较大的民族电力企业。为落实全市节能减排要求和配合世博园区建设，2007年9月，南市发电厂正式关停。

南市发电厂主厂房毗邻黄浦江畔，长128m，宽70m，高50m，占地8970m²；烟囱高165m，底部最大直径15.6m；主厂房结构体系完好，内部有三台发电机组及大量附属设施，拥有完整的取、排水系统，综合改造时都加以充分利用。改建后的主厂房内将集中展示园区用能情况和环境信息，并展示我国新能源研究应用成果和未来展望，力争成为国内第一栋由老厂房改造而成的国际三星级绿色建筑。

南市发电厂综合改造的节能设计突破了传统的建筑节能的设计范围，以节能减排、绿色环保为目标，综合采用了主动式节能技术、被动式节能技术、新能源应用技术、智能监控技术等10项节能措施，实现最低的建筑能耗和最佳的环境效益。其中，建筑节能技术包括建筑热工、节电、节水、节能技术；专项节能技术包括江水源热泵技术、主动式人工导光技术、自然通风技术、雨污水回收利用技术、绿色建材应用、半导体照明技术；新能源技术包括太阳能光伏发电、涡轮涡杆风能发电；节能管理技术主要包括智能化集成技术平台。

南市发电厂的综合改造通过对既有建筑的改造，太阳能发电技术和江水源热泵技术等的应用，以及绿色建材的大规模使用等综合节能技术，避免了大量建筑垃圾的产生，提升了城市的空气质量，创建了美好的人居环境。根据测算，该项目采用太阳能发电技术，全年平均总发电量50万度，大约相当于少用179吨标准煤，预计可减少二氧化碳排放量476t。江水源热泵与传统的空气源热泵相比，每年可节电577万度，大约相当于少用2060t标准煤，预计可减少二氧化碳排放量5480t。

7.2 “沪上·生态家”案例

作为上海的生态示范建筑，“沪上·生态家”遵循“天和——节能减排、环境共生，地和——因地制宜、本土特色，人和——以人为本、健康舒适，乐活——健康可持续价值观”的设计理念，呼应“城市，让生活更美好”的主题，着重诠释“关注环保节能，倡导乐活人生”的全新生态居住理念。

“沪上·生态家”将运用70%的既有成熟技术和30%未来前瞻技术示范来体现生态建筑的技术亮点，主要采用绿色、环保、节能、低碳手法等生态技术。包括太阳能一体化建筑技术，天然采光和LED 照明技术，雨污水综合利用，工业化施工，智能集成管理中心，自然通风技术，夏热冬冷地区节能体系，浅层地热利用，热湿独立空调系统等。

在建筑节能方面，建筑体量为纵向条状排列，外墙为无机保温砂浆——淤泥空心砖——脱硫石膏保温砂浆/板。南向窗采用双层窗，北向窗采用低辐射中空断热铝合金窗，立面综合遮阳构件、植物绿化。屋面主要采用种植屋面，上人屋面采用反射屋面（节能倒置式屋面，外刷反射涂料），并局部设置太阳能光伏板与静音竖轴风力发电机组。同时考虑了自然通风，设置了多个出风道。通过这些技术，预计实现建筑综合节能达到60%。

在建筑材料方面，主体建筑以金属、青砖墙为主，并辅以少量的玻璃，有效降低了对周边环境的影响。

在雨水综合控制与利用方面，屋面雨水按不同高度的层面，划分汇水面积，设置重力式屋面雨水收集系统。除屋面雨水外，室外公共活动场地、人行道，尽可能通过绿地和透水铺装地面等进行雨水的自然蓄渗回灌，道路雨水经浅沟和植物缓冲带自然净化后进行综合控制与利用，年平均可回用雨水量约680 m^3。

在立体绿化方面，采用了屋顶拼装绿化、立面壁挂式种植模块等技术，形成立体绿化，在营造室内外景观的同时，实现可持续发展的目的。

7.3 汉堡案例——新耐久建筑

汉堡案例采用环保节能型空调系统，充分采用自然通风调节系统与室内空调系统相结合，室内空调通风系统采用热回收新风系统，减少能耗及环境污染。先进、高效的楼宇设备能源控制系统也是一大特点，结合楼宇安防监控系统，形成大范围的能源控制系统，组成一个从办公空间的空气温度调节、照明控制到系统主设备的运行控制的全方位的能源控制网络。

建筑设计过程中通过日照的模拟分析来验证窗墙的面积比，并制定建筑各部位保温隔热设计方案，主要的保温材料包括岩棉和夹层中空玻璃幕墙等。汉堡案例参展建筑利用屋顶和墙面，大量采用了太阳能光伏系统，装机容量约25kW。光伏系统具有自动检测的功能，在发生异常情况时，可自动与电网断开。

采用“能量桩基”的地源热泵系统是汉堡案例的独到之处。该系统在固定的基础桩体内设置U形盘管以进行能量交换。每隔

3只基础桩采用1只用作热能交换，最大输出能量大约为50W/m 桩长，只要120根基础桩，就基本可以满足整个建筑物的使用要求。

7.4 伦敦BEDZED 案例——零能耗住宅

伦敦BEDZED 案例采用了大量的被动式和主动式的节能技术，以实现零能耗的目标。

被动式的节能技术包括：超级保温材料——矿毛绝缘纤维、泡沫聚苯乙烯等外墙保温材料；低碳预制结构；冬季被动式太阳能采暖和夏季被动式降温系统；屋顶天窗和窗户采用节能玻璃；被动式冷热新风系统；夏季净化通风系统；可变相位的热能存储系统；密封的建造技术和检测系统；高级地板隔音系统；低温冷热辐射系统；移动式遮阳百叶；屋顶绿化与汽化降温系统；屋顶绿化排水与防水技术；雨水、中水收集回用系统；可回收建材等。

主动式节能技术包括：集成式屋顶太阳能真空管集热器；集成式屋顶光伏电板；栅极接线变流器，蓄电池变流器；使用坚固玻璃的屋顶光伏电板；太阳能驱动的4kW 直流电动地源热泵；太阳能驱动的4kW 直流电动空气源、水源热泵；溴化锂除湿冷却系统；智能储热罐；与建筑一体化的竖轴风力发电机组；从农业废弃物中提炼的生物质颗粒燃料，可以用于发电和烧开水。

8 参展方展馆的绿色理念

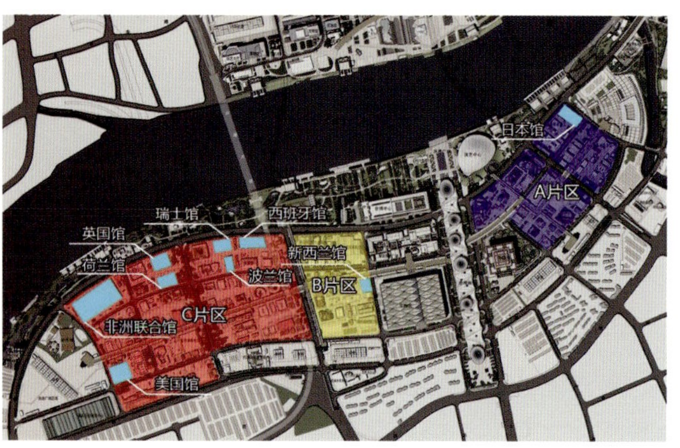

8.1 西班牙国家馆——天然材料，自然采光

西班牙国家馆的表现形式是非常西班牙式的，即柳条编织的篮子。整个展馆方案是将空间分割成几个篮子的造型，在钢建筑材料上覆盖柳条，构成墙皮。透光性是整个设计的一大特点。据介绍，自然光能透过钢管和柳条射进室内，室内使用竹子和半透明纸作为材料，顶部则使用太阳能板。这一表现形式不但使用了自然环保的材料，同时又体现了可持续发展的理念，充分展现了西班牙国家馆的主题——Cities of our Fathers，Cities for our Children。

8.2 瑞士国家馆——体现可持续发展

瑞士国家馆是上海世博会首个确定的国家展馆设计方案。瑞士展馆将占地4000m²，约为日本爱知世博会瑞士馆的3倍。俯视图是一个想像中的未来世界的轮廓。该设计以可持续发展理念为核心，充分展现了自然和高科技元素的结合。它是一个开放的空间，最外部的幕帷主要由大豆纤维制成，既能发电，又能天然降解。设计人员运用中国的阴阳原理，将缆车作为游戏的元素纳入到设计之中，带着乘客从负荷沉重的城市升入馆顶的令人赏心悦目的自然世界。它体现了瑞士在城市空间里追求高品质生活的不懈努力及其取得的最新成果，也诠释了瑞士对“城市，让生活更美好”主题的理解和演绎。

8.3 英国国家馆——实现零碳排放

英国国家馆将呈现给观众这样的美妙图像：所有方向向外伸展出细密的触须，每根触须的顶端都有一个细小的光源，所有的触须都在风中轻微摇动，形成了展馆表面永远变幻不定的光泽和色彩。“创意之馆”的触须除了在室外有光源之外，在室内的一端也有一个细小的光源，并形成一个巨大的数码屏幕，而这些触须同时也是展馆的结构部分，在建筑外部将没有任何支撑而座落在公共广场上方。

“创意之馆”的所有材料都将是可回收循环利用的，而且在世博会期间将达到零碳排放的目标。

8.4 卢森堡国家馆——绿树环绕的开放堡垒

卢森堡国家馆的设计方案不仅充分展现了该馆的主题“小也是美”，并突出了卢森堡——“欧洲绿色心脏”的特殊身份，较好地回应了“城市，让生活更美好”的主题，体现了卢森堡人民的智慧和创新精神。设计者设想出了一种几乎只用独块巨石的雕刻方法，这实际上受到了中文传统译名“卢森堡”的影响（中文意思是“森林和堡垒”），所以卢森堡展馆自喻为一个周围绿树环绕的开放堡垒。

设计者通过展馆的外观和内容来说明可持续发展的理念。展馆的建筑结构就像有很多大出口的壁垒，面向邻近的空间，由中世纪的塔楼包围在里面。展馆将通过其建筑和使用的材料成为可持续发展城市的一个典范，尊重自然环境，同时又能向城市居民和来访者提供现代化的舒适生活。使用的主要材料将会是钢、木头和玻璃，都是可回收的材料。为了强调展馆对外部的开放性，围墙上将会嵌有各种半透明的平面，上面还会用汉字表达很多信息。

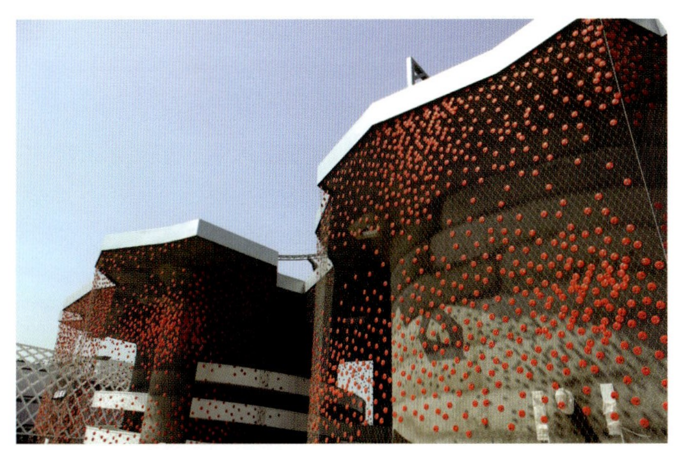

8.5 芬兰国家馆——环保材料搭建

芬兰是北欧国家中第一个确认参展上海世博会的国家。芬兰馆的设计方案中将使用环保材料作为建造展馆的主要材料，希望能把芬兰可持续发展的理念和技术展现给世界。展馆的设计灵感来自芬兰的自然风貌。海岛礁石、鱼鳞、碧波倒影、天空剪影，还有木头散发出的阵阵清香，种种的自然元素经过重新诠释，以各种新的面貌呈现眼前。如同大自然一样，芬兰展馆也为漫步其间的人们提供了一处宁静港湾，让大家得以脱离都市生活的喧嚣。

在不久的将来，城市建筑面临的一大挑战将是如何找到保护资源的可持续建筑方式。这个展馆就是一个可持续建筑的实验室，展示了芬兰对未来城市建筑的解决方案。它的目标是在建筑方式和维护特点方面，开发出节能、低排放和环保的解决方案。展馆的设计纳入了多种因素，比如屋顶上的太阳能电池板能够在酷暑时节为制冷设备供电，更多运用自然通风可以降低对机械通风的需求，空气从房屋下面的水平面采集后进行供应，墙壁和顶部的开口促进了自然通风，设施的合理方位、轻质表面的使用以及窗户结构则减少了日照引发的热强度，屋顶绿化可均衡热负荷，雨水从屋顶收集回用。

三维计算机模型将被用来辅助整个建造过程。展馆的垂直承重结构由钢材制成。正面由窄体元件组成，在现场进行组装。水平结构由木质框架元件组成，地板则由板块拼成，内部将用木板铺面。外部正面将使用富有现代气息的鳞状花纹纸塑复合板，这是一种工业再生产品。全部建筑元件在进行制造的时候，就必须保证建筑建成后能被分解和再组装。钢结构的设计承重能力较大，便于后续利用。

8.6 尼泊尔国家馆——寻找城市的灵魂

2007年11月16日，尼泊尔正式签署参展合同，同时公布了尼泊尔展馆建筑设计方案以及展览主题。尼泊尔国家馆的主题是“加德满都城的故事——寻找城市的灵魂：探索与思考”，截取了加德满都在2000 余年历史上作为建筑、艺术、文化中心的几个辉煌阶段，通过建筑形式的演变来展现城市的发展与扩张。尼泊尔展馆将重点突出本国在环保、可再生能源、绿色建筑方面所做的努力。

8.7 阿联酋展馆——新的能源利用方式

2007年11月16日，阿联酋正式签署参展合同，同时公布了阿联酋展馆效果图。阿联酋在上海世博会的展馆面积为6000m²，是上海世博会最大的展览场馆之一。

阿联酋展馆将以独特的方式告诉世人有关能源利用方面的故事。提醒人们不要忘记过去先人想出特殊方式解决困境的经验，学习先人如何将新鲜的水送到沙漠殖民区，或者如何不用电力或其他能源而让房屋凉爽的方式。阿联酋计划展现本国文化美好的部分如何被保存，如何与“未来的城市”概念相结合。

8.8 加拿大国家馆——绿宝石

2008年1月22日，加拿大正式签署参展合同，并同步公布加拿大馆创意设计方案。上海世博会加拿大馆的主题为“充满生机的宜居城市：包容性、可持续发展与创造性”。该馆位于黄浦江东侧的C 片区，占地6000m²。加拿大馆宛如“绿宝石”，展馆由3幢大型几何体建筑组成，展馆的中央是一片开放的公共区域，参观者既可以通过这个公共区域进入展馆，也可以在这里欣赏到各种文艺表演。

为了体现展馆的可回收利用技术，加拿大馆外部墙体将由一种特殊的温室绿叶植物覆盖，雨水也将被排水系统回收，在展馆内需要水的地方重新使用。为了让展示区域的空间最大化，展馆内部将禁止摆放大型展品和物件，以确保展示区域内的空气流通和视野开阔。

8.9 荷兰国家馆——快乐街

荷兰馆名为“快乐街”的设计方案十分特别，充分诠释了上海世博会“城市，让生活更美好”的主题。“快乐街”让参观者有机会以各种方式来深入探讨世博会的主题。设计师准备了17幢房子，每幢都是一个小展馆，展现了荷兰在空间、能源和水利方面的创新。各幢房屋都采用不同类型的装饰，迎合不同兴趣不同品位的观众。到时人们从很远的地方就能看见这条宛若过山车般穿行而过的“快乐街”，很多参观者将会慕名而来。到了夜晚，变幻多姿的灯光效果将使荷兰馆更加引人注目。

8 代后记

1 关于尼塔

荷兰尼塔（NITA）设计集团是由欧洲顶级设计团队联合而成的国际综合设计机构，总部设在荷兰阿姆斯特丹，欧洲共设有六个专项事业部。在大型综合开发、旅游度假、居住社区、城市设计及主题公园与娱乐项目的规划设计方面所展现出的无与伦比的创造能力得到了广泛的认可。NITA汇集了近千名专业设计人员包括资深景观师、管理顾问、规划师、建筑师、工程师及在交通、能源、生态等领域的众多国际专家。

自1999年NITA开始中国昆明园艺博览会的荷兰园设计后，尼塔开始在中国境内开展设计业务；2002年成立NITA，始为高速发展的中国全面提供国际领先的景观、规划、建筑、旅游和生态策略的设计服务。

2006年4月NITA赢得上海2010世博会总体景观规划国际竞赛；世博园区内最为重要的五个重要场地景观设计，NITA在国际竞赛中赢得了其中的四个场地——世博公园、白莲泾公园、世博村景观、江南公园项目，紧接着在中国船舶馆（园区最大企业馆）的景观竞赛也脱颖而出。基于NITA在上海世博项目中的突出表现，2007年被上海市世博事务协调局聘为“上海世博园区景观工程设计总体单位”及“上海世博园区景观环境工程实施技术总顾问”。在营造世博园区期间，NITA在中国与荷兰政府的大力支持下，在5.28平方公里的世博园区积极推进“GREEN CITY”理念，实施绿色世博计划，引进数十项国际先进的绿色生态技术并得以成功实施，视察的中国领导人与到访的各国高层给予了高度评价。

伴随着NITA在中国最为精彩的上海世博系列作品的逐步建成，NITA正以其国际级的创意设计和解决多学科复杂设计的能力为全球及中国树立起行业榜样。为了与中国更多城市分享NITA国际前瞻性设计与“GREEN CITY”先进理念，NITA相继在上海、南京、宁波和杭州设立了五个分支机构以及工程技术管理、生态科技研发、植物繁殖培育等多个专项事业部，汇聚了各个专业领域500多名技术人才，我们力求为中国业主提供优质全面、一体化的服务。

2 NITA的GREEN CITY双核理念

NITA不仅仅关注设计领域的前沿技术，更长期致力于经济发展与自然环境的共生发展。2002年在上海成立了以“前瞻规划与绿色技术”为双核理念驱动的中国总部，以世界最著名绿色生态国家—荷兰绿色技术为母本，研究并推广“GREEN CITY”。在全球变暖，生态多样性遭到严重破坏的今天，NITA坚信，“GREEN CITY”是使地球重新恢复并保持健康发展的解决之道。

2006年，NITA“前瞻规划与绿色技术”双核的共生理念，亦被中国领导层的肯定与认可，上海世博局聘请NITA为2010上海世博会景观设计及绿化工程总体管理单位。在5平方公里的世博园区（浦东、浦西）实施“GREEN CITY”理念，打造绿色世博园区，获得了空前的成功，视察的中国领导人与到访的各国高层给予了高度评价。

NITA期望发展中国家的领航者—中国能有更多的城市接受并分享这一世博的绿色经验，为中国的低碳战略发展贡献绵薄之力，让蔚蓝地球重新焕发绿色的勃勃生机。

3 NITA与世博会

荷兰NITA设计集团自2002年设立中国项目部后，通过2003年的“芜湖滨江城市公园”到2005年的“苏州白塘植物公园”的成功建成，荷兰NITA努力地准备着、适应着、积蓄着自己的力量，在中国的公共景观建设中等待着展露自己实力的机会。

2006年上海世博会的第一个项目“世博公园”的国际公开征集给了荷兰NITA展示实力的舞台，自06年4月“世博公园”方案中标开始，荷兰NITA如井喷般开始了爆发。“白莲泾公园”、“世博村”、“江南公园”在两年间在世博的公共景观项目中，通过优势互补与国内众多设计单位的合作，荷兰NITA在设计招标中包揽了大部分重要项目的方案设计。

通过和专业技术力量的展现和后期优质的服务，2008年05月与世博签订上海世博会园区（浦东、浦西）景观绿化工程设计咨询及总体管理服务合同，从单个项目的设计服务到整体参与世博建设的管理中。

参与了近四年的世博建设，这个历程有太多的酸甜甘苦，是荷兰NITA在中国发展的历程碑，值得我们去记录和回味，我们想通过这些简单的过程图片将此建设的过程留下。

虽然还没有到庆功结束，但在此过程中我们一样有太多的人值得我们去感谢，我们感谢上海这座城市的开放和包容、感谢世博组织者的信任和支持、感谢中方合作设计单位的配合和宽容、感谢荷兰政府的支持和协助……这么多的感谢陪我们走到今天，下面的路会更加艰难，但我们珍惜这个机会，感谢这些信任，相信通过荷兰NITA的努力，一定会为2010上海的精彩贡献我们自己的力量。

参考资料

[1] 中国2010 年上海世博会环境报告．上海世博会事务协调局，上海市环境保护局，编．

[2] 特大型城市绿地系统布局结构及其构建研究，张浪，编著．

[3]打造“绿色世博、生态世博”．中国园林，张浪，等著．

[4]城市尺度空间的塑造—上海世博公园的空间研究．中国园林．于志远，等著．

[5]2010上海世博会世博公园．时代建筑．于志远，等著．

[6]上海世博园区控制性详细规划设计文本．上海世博会事务协调局，上海市规划设计研究院，编著．

[7]上海世博园区绿地系统规划设计文本．上海市绿化管理局，上海市规划设计研究院，编著．

[8]世博公园国际竞赛设计任务书．上海市绿化管理局，上海世博土地控股有限公司，编著．

[9]世博公园方案设计文本．荷兰尼塔(NITA)设计集团，上海园林工程有限公司，编著．

[10]世博公园设计深化文本．荷兰尼塔(NITA)设计集团，上海市政工程设计研究总院，上海园林设计院，上海浦东建筑设计研究院，上海勘察设计研究院，编著．

[10]白莲泾公园方案设计文本．荷兰尼塔(NITA)设计集团，上海现代建筑设计集团有限公司，编著．

[11]世博村景观方案设计文本．荷兰尼塔(NITA)设计集团，上海现代建筑设计集团有限公司，编著．

[12]江南公园及滨江绿地景观方案设计文本．荷兰尼塔(NITA)设计集团，上海城市建设设计研究院，编著．

[13]后滩公园方案设计文本．北京土人景观设计，上海城市建设设计研究院，编著．

[14]浦东11组团及公共场地景观方案设计文本．上海浦东建筑设计研究院，编著．

[15]中国馆景观方案设计文本．华南理工大学建筑设计院，清华安地建筑设计顾问有限公司，编著．

[16]主题馆景观方案设计文本．上海现代建筑设计集团有限公司，编著．

[17]世博轴景观方案设计文本．上海现代建筑设计集团有限公司，编著．

[18]演艺中心景观方案设计文本．上海现代建筑设计集团有限公司，编著．

[19]世博中心景观方案设计文本．上海现代建筑设计集团有限公司，编著．

[20]高架步道方案设计文本．上海城市建设设计研究院，编著．

[21]园区道路绿化方案设计文本．上海市政工程设计研究总院，上海园林设计院，上海城市建设设计研究院，编著．

[22]城市最佳实践区景观方案设计文本．同济建筑设计研究院，编著．

图书在版编目(CIP)数据

中国2010上海世博会绿地景观/戴军主编.–北京:中国建筑工业出版社, 2010
（中国2010年上海世博会建筑丛书）
ISBN 978-7-112-12007-9

I.中… II.戴… III.博览会–绿化地–景观–园林设计–上海市 IV.TU986.2

中国版本图书馆CIP数据核字（2010）第065829号

责任编辑：滕云飞　徐　纺

美术编辑：林　凌

特约编委：蓝　晋

摄影：韦　然　付丛伟　等

中国2010年上海世博会建筑丛书

中国2010上海世博会绿地景观

戴军　主编

*

中国建筑工业出版社出版、发行（北京西郊百万庄）
各地新华书店、建筑书店经销
上海利丰雅高印务有限公司制版、印刷

*

开本：889 × 1194mm 1/16开 印张：12.75 字数：400千字
2010年5月第一版 2010年5月第一次印刷
印数：5000册
定价：80.00元
ISBN 978-7-112-12007-9
（19266）